多伦县气象灾害防御规划

《多伦县气象灾害防御规划》编委会

内容简介

本书根据多伦县的实际情况，综合相关部门的有关资料和研究成果，在开展气象灾害现状调查，深入研究气象灾害成因、特点及分布规律的基础上，完成了分灾种的气象灾害风险区划，明确了不同气象灾害设防指标，提出了气象灾害防御管理和基础设施建设的具体要求，是一个基础性、科学性、前瞻性、实用性、可操作性较强的指导性文件，对多伦县人民政府指导防灾减灾和应对气候变化具有十分重要的意义。

图书在版编目(CIP)数据

多伦县气象灾害防御规划 /《多伦县气象灾害防御规划》编委会编著. — 北京 ：气象出版社，2019.12

ISBN 978-7-5029-7121-2

Ⅰ.①多… Ⅱ.①多… Ⅲ.①气象灾害-灾害防治-多伦县 Ⅳ.①P429

中国版本图书馆 CIP 数据核字(2019)第 277915 号

出版发行：气象出版社
地　　址：北京市海淀区中关村南大街 46 号　　**邮政编码**：100081
电　　话：010-68407112(总编室)　010-68408042(发行部)
网　　址：http://www.qxcbs.com　　**E-mail**：qxcbs@cma.gov.cn
责任编辑：黄海燕　　**终　　审**：吴晓鹏
责任校对：王丽梅　　**责任技编**：赵相宁
封面设计：博雅思企划
印　　刷：北京建宏印刷有限公司
开　　本：710 mm×1000 mm　1/16　　**印　　张**：5.25
字　　数：70 千字
版　　次：2019 年 12 月第 1 版　　**印　　次**：2019 年 12 月第 1 次印刷
定　　价：36.00 元

《多伦县气象灾害防御规划》编委会

主　编：杨建军

副主编：张夏毅　郭宝峰　宋喜武　马　铭　孟淑玉

成　员：张国兰　马瑞丽　成日晟　王丹蕊　王　涛　玉　刚　刘志刚

前　　言

近年来，多伦县暴雨、干旱、雷电、寒潮、暴雪、大风、沙尘暴等气象灾害时有发生，由此引发的次生灾害（如山洪、道路结冰等）、衍生灾害（如森林草原火灾、农田病虫害以及人、畜传染疫病等）也较为严重，特别是极端天气频发，气象灾害增多，对全县人民生命财产、经济建设、农牧业生产、水资源、生态环境和公共卫生安全等构成严重威胁。

据历史资料统计，气象灾害损失占所有自然灾害总损失的70%以上，每年因气象灾害造成的经济损失占当年GDP的2%～5%，经济社会发展受到极大影响。为切实保护国家财产、保障人民群众生命安全和护航社会经济发展，根据多伦县实际情况，综合气象、农牧、水利、林业、应急管理等部门的有关资料和研究成果，编制《多伦县气象灾害防御规划》，指导多伦县气象防灾减灾体系建设，强化气象防灾减灾能力和应对气候变化能力，对于多伦县经济社会高质量发展具有十分重要的意义。

全书共分11章，第1章、第2章、第3章由王涛编写；第4章、第5章由张国兰编写；第6章、第7章由成日晟编写；第8章、第9章由马瑞丽编写；第10章、第11章由王丹蕊编写。

编者

2019年5月

目　　录

第1章　指导思想和原则

1.1　指导思想

以努力推动经济社会高质量发展为指导，确保人民生命财产安全，最大限度地减少经济损失，保障社会稳定。以防御突发性气象灾害为重点，着力加强灾害监测预警、防灾减灾、应急处置工作，建立健全“党委领导、政府主导、部门联动、社会参与”的气象灾害防御工作机制，完善气象灾害防御体系。以促进多伦县经济和社会全面、协调、可持续发展为宗旨，充分发挥政府各部门、基层组织、各企事业单位在防灾减灾中的作用。

1.2　基本原则

1.2.1　以人为本，趋利避害

在气象灾害防御中，坚持以人为本，把保护人民的生命财产放在首位，完善紧急救助机制，最大限度降低气象灾害对人民生命财产造成的损失。改善生存环境，加强气象灾害防御知识普及教育，实现人与自然和谐共处。

1.2.2　预防为主，防、抗、救相结合

气象灾害防御立足于预防为主，防、抗、救相结合，非工程性措施与工程性措施相结合。集中有限资金，加强重点防灾减灾工程建设，着重防御

影响较大的气象灾害，并探索减轻气象次生灾害的有效途径，从而实行综合治理，发挥各种防灾减灾工程的整体效益。

1.2.3 统筹兼顾，突出重点

气象灾害防御要实行“统一规划，突出重点，分步实施，整体推进”，采取因地制宜的防御措施，按轻重缓急推进防御建设，逐步完善防灾减灾体系。合理配置各种减灾资源，减灾与兴利并举，妥善安排各项防御基础性工程，加强重大气象灾害易发区的综合治理，做到近、长期结合，局部、整体兼顾。

1.2.4 依法防灾，科学应对

气象灾害的防御要遵循国家和内蒙古自治区有关法律、法规及规划，并依托科技进步与创新，加强防灾减灾的基础和应用科学研究，提高科技减灾水平。经济社会发展规划以及工程建设做到科学合理避灾，气象灾害防御工程标准应当进行科学的论证，防灾救灾方案和措施应当科学有效。

1.3 目的和意义

气象灾害防御规划，是工程性和非工程性设施建设及城乡规划、重点项目建设的重要依据，也是全社会防灾减灾的科学指南。为进一步强化防灾减灾和应对气候变化能力，推进多伦县气象灾害防御体系建设，根据《国家气象灾害防御规划》指导意见，编制《多伦县气象灾害防御规划》，对加强气象灾害的科学预测和预防，最大限度地减少和避免人民生命财产损失具有深远的意义。

1.4　编制依据与适用期限

根据《中华人民共和国气象法》《中华人民共和国突发事件应对法》《中华人民共和国防洪法》《气象灾害防御条例》《地质灾害防治条例》《人工影响天气管理条例》《国务院关于加快气象事业发展的若干意见》《国务院办公厅关于进一步加强气象灾害防御工作的意见》《内蒙古自治区气象条例》等法律、法规，编制《多伦县气象灾害防御规划》。

《多伦县气象灾害防御规划》是多伦县气象灾害防御工作的指导性文件，适用于多伦县所辖区域。规划期为2016—2020年，基准年为2016年。

第2章　目标与任务

2.1　目标

建成气象灾害重点防御区非工程性措施与工程性措施相结合的综合气象防灾减灾体系。加强气象灾害综合监测预警网络建设；完善城镇防洪排涝工程；加强全县气象信息传输与接收设施建设，信息覆盖率达90％；完成气象灾害防御示范村标准化建设；建设农村防雷示范工程推广项目；建立山洪、地质灾害群测群防网络；加强气象条件所引发的交通安全、疾病流行、草原森林火灾等公共安全工作。同时将气象灾害防御与乡镇气象工作网络体系建设纳入县政府目标责任制考核。各乡镇要明确气象工作分管领导，落实责任制，所有乡镇建立气象灾害应急响应预案。依托气象灾害预警业务平台和气象信息分发服务系统，初步建立政府突发公共事件预警信息发布平台，可转发和传递上级发布的突发公共事件预警信息，实现统一业务、统一服务、统一管理。

加强气象灾害防御监测预警体系建设，建成结构完善、功能先进、软硬结合、以防为主和政府主导、部门协作、配合有力、保障到位的气象防灾减灾体系，提高全社会防御气象灾害的能力。全面提升气象灾害监测、预警、评估及信息发布能力，健全气象灾害防御方案，增强全社会气象灾害防御意识和知识水平，建成覆盖广、通道多的乡村气象预警信息发布网络，构建有效联动的应急减灾组织体系，健全预防为主的气象灾害防御机制。

2016—2020年，建成气象灾害重点防御区非工程性措施与工程性措施相结合的综合气象防灾减灾体系。加强全县气象信息传输与接收设施建设。全面提升气象灾害监测、预警、评估及其信息发布的能力，健全气象灾害防御方案，增强全社会气象灾害防御意识和知识水平，建成覆盖广的乡村气象预警信息发布网络，构建有效联动的应急减灾组织体系，健全预防为主的气象灾害防御机制。

到 2020 年，气象灾害造成的经济损失占 GDP 的比例减少 30%，人员伤亡减少 50%；工业、农牧业、经济开发以及人类活动控制在气象资源的承载力之内，城乡人居气象环境总体优良；气象灾害应急准备工作认证达标单位占应申报单位的 80%以上。

2.2 主要任务

2.2.1 气象灾害防御体系建设

完善农村牧区公共气象信息发布接收平台，加强农村牧区公共气象信息接收能力建设，建立多渠道气象信息向农村牧区传递平台，解决农村牧区气象服务信息发布“最后一公里”问题。加强农村牧区基层气象信息员队伍建设，充分发挥气象信息员在农村牧区防灾减灾的作用。发展农村牧区经济信息网，推动农村牧区气象信息服务站建设。

建设农牧业气象灾害预报预测和服务平台，实现短期气候预测、极端气候事件预估、农牧业气象灾害预报、病虫害预报、农用天气预报、牧草各发育期气象条件和产量动态预测、重大农牧事活动气象条件预报预测，实现农牧业气象灾害适时监测综合评估、农牧业气象情报收集、干旱适时监测评估、牧草全生育期气象条件评价服务、气象灾害风险精细化区划等业务功能。

以建立全社会气象灾害防御体系为目标，逐步形成气象灾害防御分级响应、属地管理的纵向组织指挥体系和信息共享、分工协作的横向部门协作体系。建立和完善《多伦县重大气象灾害应急预案》《多伦县防汛抗旱应急预案》《暴雨灾害应急预案》《小流域山洪防洪专项预案》《地质灾害应急预案》《冰雪灾害应急预案》《雷电灾害应急预案》《种植业重大自然灾害应急预案》等专项预案。进一步细化各部门和乡镇、村各灾种专项气象灾害应急预案,组织开展必要的预案演练。

2.2.2 气象灾害监测预警平台建设

按照气象防灾减灾的要求,建立"统一业务、统一服务、统一管理"的气象灾害监测预警平台,形成综合观测、数据传输和处理、预报预警、信息发布为一体的气象业务系统,不断提高气象灾害精细化预报预警能力。在现有各类站点资源的基础上,重点对边远地区进行合理布局,形成覆盖全县的气象灾害监测网络。重点做好干旱、暴雨、寒潮、暴风雪、沙尘暴、雷电等重大气象灾害的监测工作,提高气象灾害及其次生、衍生灾害的综合监测能力。加强对气象灾害发生、发展规律和致灾机理,以及灾害和经济社会发展、生态环境的关系研究,提高气象灾害风险评估和科学预测预防水平。提高重大气象灾害监测预警和信息发布的时效性,扩大覆盖面。加强气象防灾减灾科普宣传,提高群众的防灾减灾意识、知识水平和避险、自救和互救能力。

2.2.3 暴雨洪涝防御能力建设

针对可能发生的暴雨洪涝灾害,制定防御方案,为各级防汛机构实施指挥决策和防洪调度、抢险救灾提供依据。建立各部门协同作战机制,做到防御标准内暴雨洪涝不出险、不失事,确保各重要交通干线的安全;确保重要水利、通讯、输电等工程设施的安全,避免人员伤亡,减少经济损失。

2.2.4　城镇和区域防洪排涝设施

与现有城市规划相配套，进一步加强防洪工程建设，不断完善城镇防洪标准，达到有关防洪排涝要求，健全区域防洪排涝措施。不断完善中心城市防洪标准，城镇新区建设地面标高达到有关防洪排涝要求，避免镇区内涝成灾。完善小型水库加固加高和加固堤防的建设改造。

2.2.5　山洪和地质灾害防治工作

加强对严重危及人民生命财产安全区域、地段进行重点治理；开展旅游区山洪和地质灾害调查及跟踪管理，对旅游区内的重大工程建设项目进行山洪和地质灾害危险性评估，以强化监管和动态监测为重点，预防和有效遏制因气象灾害引发的突发性山洪和地质灾害以及人为引发地质灾害隐患的形成，完成其他一般防治点的防治工作。

2.2.6　雪灾防御工作

建立农村牧区雪灾防御机制，完善防灾减灾组织机构和应急响应机制；建成雪情监测网和雪灾预警系统；加强越冬牲畜棚圈建设和饲草储备组织工作；加强越冬蔬菜大棚管理，防止连阴雨雪、低温天气和积雪的危害；加强道路交通冰雪预警和清理工作。

2.2.7　干旱、风沙灾害防御和治理

加强干旱防御能力建设，建立土壤水分监测网，完善草原干旱监测、调查机制，建立草原干旱监测预警系统；加强人工影响天气工作，积极开展人工增雨作业，有效增加天然降水量；全力实施抗旱水利工程，合理布局打井防旱工程，保护、利用地表水资源。加强沙尘暴监测和预警能力建设，建立沙尘暴监测预警发布机制，提高灾害预警服务能力；强化草原生态环境保护与治理，合理实施草畜平衡和围封转移战略，改善草原生态环

境，减少沙尘暴的发生及其影响。

2.2.8 气候资源开发利用

合理开发和利用气候资源，积极开展风能、太阳能气候资源的普查评估，逐步建立风能资源数据库，根据优化资源配置原则制定科学的气候资源开发利用区划。

第3章　自然环境与社会经济

气象灾害的形成及其成灾强度，既取决于自然环境变异而形成的灾害频度和强度，也受制于人类活动的影响，还取决于经济结构和社会环境。孕灾环境是孕育灾害的“温床”，是岩石圈、大气圈、水圈、生物圈和冰雪圈等组成的相互联系、相互作用的综合地球表面环境，即是由下垫面地理因子、气候系统、社会经济等三部分组成。

3.1　自然环境

3.1.1　地形地貌

多伦县地处内蒙古高原的南缘，阴山山脉的北坡，东部与大兴安岭向西南延伸之余脉衔接。受大兴安岭余脉和浑善达克沙地影响，地形属浅山丘陵区。总的地形是四周高、中间低、南部高、北部低，由南向北逐渐低缓，成一宽缓的半环形盆地。盆地中部的低洼地带高程约为1200 m。全县制高点在大北沟镇大石砬水泉沟东山，高程1799.9 m，最低点在滦河出境处小菜园附近，高程1148 m，相对高差651.9 m。县境有较高的山峰50多座，高程在1350～1800 m，多集中在东南、南和西南边缘，沟谷穿插其间，通向外界则形成隘口要道。

由于受第四纪地质上升剥蚀的影响，基岩裸露，全境有巨厚的碎屑沉积岩，县境南部和西南部地处冀北丘陵山区边缘，包括大北沟镇和中部的诺尔镇黑山嘴一带，多为低山丘陵。黑山嘴与河北省交界地带地势较高，一般高程在1400～1800 m。西部大北沟镇北部、蔡木山乡西部高程在1250～

1500 m,最高点牛心山,高程 1632 m。中部诺尔镇一带,低于西部,一般高程在 1250～1400 m,最高点沙不楞西大山,高程 1637.5 m。北部蔡木山乡,沙丘连绵起伏,沙丘草甸,低湿草甸广泛分布其中,所处地势较低,地下水位较高,坡角常见泉水出露,最高点蔡木山,高程 1507 m。东部大河口乡最低,高程一般在 1200～1350 m,最高点红腾沟子,高程 1653.9 m。

3.1.2 河流水系

多伦县水资源丰富,是海河流域滦河水系的源头,闪电河、黑风河的交汇处始称滦河,两河泾渭分明,闪电河水呈黑色,黑风河水呈银色。滦河是锡林郭勒草原唯一一条入海的河流,同时也是引滦入津工程的重要水源涵养地,供水量占引滦入津总供水量的 1/6。境内有常年性河流 47 条,季节性河流 11 条,主要河流有闪电河、黑风河、吐力根河、小河子河、滦河等,均汇入滦河并注入渤海。境内有大小湖泊 62 个,水面面积 3.4 km^2,年均水量约 560 万 m^3,水深 2 m 以上的湖泊 10 个,1～2 m 的 9 个,其余水深 1 m 以下的多为季节性湖泊。湖泊集中洼地,亦是地下水排泄区,湖泊的水量和水面面积受降雨和蒸发影响随季节变化幅度较大。全县分布有泉水 31 眼,较大的有:额尔腾泉、敖包泉、泉子头、东水泉、西山泉、东河头泉、花塘沟泉、羊盘沟泉、大耗来沟泉等。

多伦县水域总面积 16.2 万亩①,地表水多年平均径流量 1.35 亿 m^3,水能蕴藏量 1.4 万 kW。

3.2 社会经济

3.2.1 地理位置及行政区划

多伦县位于内蒙古自治区中部,锡林郭勒盟东南端,地跨东经115°30′～

① 1亩≈666.67 m^2,余同。

116°55′,北纬 41°45′～42°39′,西与正蓝旗为邻,北与赤峰市克什克腾旗毗连,东与河北省围场县接壤,南与河北省丰宁、沽源二县交界。南北长约 110 km,东西宽约 70 km,总面积 3863 km^2,多伦县还是中国天然大氧吧,近年来空气质量优良天数达 340 d 以上。

全县 5 个乡镇(2 乡 3 镇),即西干沟乡、蔡木山乡、大北沟镇、滦源镇、诺尔镇,64 个行政村,7 个社区。各乡镇设置党政综合办公室、社会事务办公室、财政经济办公室;事业设三个服务中心,即农牧业服务中心、文化广电服务中心、计生卫生服务中心;两个建制镇增设劳动和社会保障事务所。根据《多伦县乡镇机构改革人员竞争上岗实施方案》,通过笔试、民主测评共确定 166 名事业单位人员上岗。

3.2.2　土地利用与覆被状况

多伦县总土地面积约为 3863 km^2(579.45 万亩),其中耕地面积为 85 万亩,林地面积为 293 万亩,草地面积为 323 万亩。全县境内属栗钙土区,有土类 7 个、亚类 14 个、土属 29 个、土种 59 个。

3.2.3　社会经济情况

多伦县产业结构以农业为主,农、牧、林、果、副、渔及支柱产业相结合,目前,已形成了以蔬菜、马铃薯、奶牛、肉牛产业、水产业等多种经营、全面发展的新型旗县。2018 年,地区生产总值预计完成 81.5 亿元,同比增长 6.5%。其中,第一产业增加值完成 10.2 亿元 ,同比增长 4.3%;第二产业增加值完成 52.3 亿元,同比增长 6.1%;第三产业增加值完成 19 亿元,同比增长 8.7%。全社会固定资产投资完成 49 亿元,同比增长 8.9%。2018 年,公共预算收入完成 2.6 亿元,同比增长 23%。社会消费品零售总额完成 18.3 亿元,同比增长 8%。城镇居民人均可支配收入完成 38500 元,同比增长 8%。农村常住居民人均可支配收入完成 13870 元,同比增长 8%。

3.3 气候概况

多伦县地处我国东部季风区，中温带、半干旱向半湿润过渡地区，大陆性气候显著。其主要特点是春季干旱，夏季凉爽，较多雨，秋季冰雹频繁，霜雪早，寒暑变化强烈，四季分明，气温变化明显。年平均气温 2.8℃，年降水量 378.0 mm，日照时数 2941.1 h，无霜期 108 d。降水量主要集中在 6—8 月，3—5 月常常降水不足，对作物发育及牧草返青有很大影响。冬季降水较少，寒冷期达 7 个月，积雪不化，积雪期长，年均可达 90 d。

第4章　气象灾害防御现状

4.1　防御工程现状

4.1.1　防洪除涝设施

多伦县水资源丰富，是海河流域滦河水系的源头，境内有常年性河流47条，大小湖泊62个，水域总面积16.2万亩，地表水多年平均径流量1.35亿 m^3，地下水储量3.73亿 m^3，主要河流有闪电河、黑风河、吐力根河、小河子河、滦河等，这些河流均汇集到外流滦河水系并注入渤海，属滦河上游水系。全县建设有大小水库10余座，用于防洪、发电、养殖、灌溉、供水、旅游等。近些年来，县政府非常重视水利工程建设，依据《中华人民共和国水法》《中华人民共和国防洪法》《中华人民共和国水土保持法》等法律、法规，对境内水库相继进行维修、除险加固，对塘坝、城镇防洪工程、桥涵等进行疏通、修建，用于防洪及城镇防涝。

多伦县于1993年和1998年分别建设大河口水电站和西山湾水利枢纽，均按三等工程设计。大河口水电站1996年修建完工，总库容2600万 m^3，设计洪水标准为100年，如遇特大洪水，开启全部闸门泄洪，同时与沽源水库、双山水库共同调动防洪。西山湾水利枢纽工程2003年竣工，库容1亿 m^3，设计洪水标准为50年。小河子河东岸，夏季洪水对南村、北村构成威胁，2005年为确保东岸两个菜村的安全，在小河子河东岸修建防洪工程，该工程按20年一遇、50年校核标准进行规划设计。2006年进行黑风河白城子村五组河道整治工程，新开挖河道1300 m，完成土方

4.4 万 m^3，使河水绕开农田，解决了该村夏季河水淹地问题；对牛心山水库进行维修，如翻修大坝坡度、加固左右坝肩、扩建溢洪道等。2007 年，防洪堤续建工程续建小河子河东大桥至滦河大桥东岸护岸工程 1040 m，清淤河道 1690 m，完成新城南河南岸工程 1320 m；对龙泽湖出口至东二环路500 m河道进行清淤整治。经过多年维修、续改建，城区防洪工程初具规模，护岸工程总长达到 17041 m（含滦河大桥下龙泽湖至东二环路西侧湖岸防护工程），基本形成县城防洪工程体系。

近年来，多伦县在双山水库、大河口水库、西山湾水库的周边地区、城镇周边、吐力根河、闪电河、黑风河、小河子河流域内水土流失严重的地区，开展生态治理工作。全县完成水土保持治理面积 200 km^2。其中京津风沙源治理水土流失面积 75 km^2。生物工程措施有水保林工程27.2 km^2，改良草地 19 km^2，封育治理 26 km^2，水浇地建设 2.8 km^2。工程措施有建设谷坊 309 座，截水沟 58 km，沟头防护 14 km，作业路19.3 km，网围栏 100.8 km。通过治理，每年增加经济收入 196.57 万元，拦蓄地表径流 89.1 万 m^3，减少水土流失 25.74 万 t，为全县发展农牧业生产及保护生态环境奠定基础。

为防止生态破坏和生态功能退化，近年来，对水、土地、森林、草场、矿产、渔业、生物物种、旅游等重点资源开发实施严格的保护，在风沙危害和侵蚀严重的地区采取围封、移民搬迁的办法保护环境，共搬迁 36 个自然村、6322 口人，有力地保护了县域水源地的周边环境。

4.1.2　抗旱工程及现状

近年来，多伦县按照全盟水利工作有关会议精神，根据农牧业产业化发展战略和农牧业结构调整发展思路，从县域实际情况出发，制定水利水保工作计划，搞好水浇地工程建设和节水灌溉配套工程，发展节水型农业。在水浇地工程建设上，除了继续实施原则，在各乡因地制宜逐步建设和扩大节水灌溉面积外，重点是连片井灌区，饮灌结合工程和沼河提灌。

2010年，政府整合沙源工程节水灌溉项目、小型农田水利、民办公助、土地整理、扶贫开发、农业综合开发、退耕还林后续产业基本口粮田建设、移民后期扶持等涉农水利项目资金，加大水浇地建设国家投资力度，同时通过加大水浇地招商引资建设力度、实施政策推动等有力措施，引导农民投资投劳开展节水灌溉工程建设。2010年年末，全县累计共完成各类水浇地17.43万亩，建设各类灌溉井4135眼，配套各类节水灌溉设备2313套（台），节水灌溉面积达到8.65万亩。以上一系列硬件建设工程，在抗旱减灾中发挥了巨大作用。

4.2　非工程防御能力现状

多伦县非工程减灾领导组织机构较为完善。2000年，成立"多伦县抗旱服务队"，健全防汛机构，实行领导负责制，按要求做出水库度汛计划，在汛期加强值班，传递雨情、汛情、灾情，保证及时安全地度过汛期。2004年，成立由政府县长担任总指挥、各有关单位负责人为成员的防汛指挥部，对全县的大、中、小型水利工程，城镇防洪堤坝和农村的重点部位落实了具体的行政责任人、技术负责和岗位责任人，做到组织、人员、物质、措施"四落实"。2016年，根据《中华人民共和国水法》《中华人民共和国防洪法》《国家突发公共事件总体应急预案》等法律、法规及多伦县历年来旱涝灾害的实际情况编制《多伦县防汛抗旱应急预案》（多政办发〔2016〕195号）。根据《中华人民共和国气象法》《内蒙古自治区气象条例》《内蒙古自治区气象灾害预警信号发布与传播办法》等法律、法规及文件的有关规定，结合自治区、锡林郭勒盟、多伦县多年重大突发性天气事件气象服务工作实践，制定《多伦县重大气象灾害应急预案》（多政办发〔2016〕171号）。2019年，伴随机构改革，原设立在多伦县水利局的防汛抗旱指挥部改设在应急管理局。

为提升气象防灾减灾能力，制定气象灾害应急响应预案及有关制度，初步建立了政府突发公共事件预警信息发布平台，可转发和传递上级发布的突发公共事件预警信息。2018—2019年，进行基层气象防灾减灾标准化建设及基层气象灾害预警服务能力建设，大大提升气象防灾减灾能力。

4.2.1 基层气象防灾减灾标准化建设

依据《基层突发灾害性天气预警服务基本标准规范（试行）》，开展灾害性天气短时临近预警服务。在锡林郭勒盟气象台指导下，根据天气实际情况适时启动重大气象灾害应急响应命令；在灾害发生后及时调查、收集、上报灾情信息。通过国家突发事件预警信息发布平台、广播电视台、短信、微信、今日头条及钉钉平台政府工作群、安全文件传输系统、邮箱等多渠道多方式及时发布至县、乡两级党委政府有关领导、相关部门负责人、气象助理员、信息员、种养殖大户、驻村工作队等人群，使其第一时间掌握气象预报预警等重要气象信息，提升防灾减灾能力。

建立全县停工停课停业机制。与县交通、住建、教育、应急管理、旅游、公安等部门充分沟通，由多伦县人民政府正式印发《多伦县重大气象灾害性中小学停课、建筑工地矿山停工、交通旅游停运预警机制的通知》，规范气象部门发布的相应红色预警信号作为学校停课、建筑工地矿山停工、交通旅游停运的启动信号，由各行业主管部门负责停课停工停运事宜，并建立应急管理、教育、住建、交通、旅游、气象等部门的合作机制，进一步推动了政府各部门及社会公众科学应对重大气象灾害的能力，对加强全县气象防灾减灾建设、避免和减轻气象灾害造成的损失、服务“三农”具有重要意义。

为进一步做好气象灾害防御与处置，保障气象灾害应急工作高效、有序、精细，全面提高应对重大气象灾害的综合管理水平和应急处置能力，最大限度地减轻或避免气象灾害造成的损失。2018年，与各乡镇沟通协调后，全县64个行政村8个社区均制定印发村级气象灾害应急行动计划，进一步提升有效防范、处置因灾害性天气带来各种自然灾害的能力，最大限度地减少各类损失，切实保障人民群众生命财产安全，维护社会秩序稳定。

4.2.2　基层气象灾害预警服务能力建设

开展基层防灾减灾“一本账”能力建设。按照气象灾害种类、主要气象灾害影响范围等收集、整理防灾减灾数据，通过部门协调、业务委托、实地调研等多种形式调取、收集、订正。先后收集自然灾害基础数据和中小河流域、山洪沟、自然灾害隐患点、城镇易涝点、旅游景区、医院、学校、易燃易爆场所、山塘水库等重点区域数据，以及全县各乡镇种植结构和面积、新型农牧业经营主体等内容进行整理。

开展基层防灾减灾“一张图”能力建设。在“一本账”的基础上，依托地理信息系统、遥感影响资料的气象防灾减灾作战图数据，加入本地区气象防灾减灾重点区域、重点单位、防灾减灾设施分布以及中小河流洪水、山洪、地质灾害隐患点等风险点位置，制作多伦县气象防灾减灾指挥作战图及防灾减灾指挥沙盘，并对防灾减灾地图进行数据化、动态展示。

开展基层防灾减灾“一张网”能力建设。按照上级气象部门有关要求，依托国家突发事件预警信息发布平台、自治区突发事件预警信息发布系统等，每年定期更新气象灾害防御应急责任人信息，通过广播、电视、互联网、手机短信、微信、微博等各类手段及时向政府、相关单位灾害防御责任人、基层气象灾害防御相关人员发布气象灾害预警服务信息，切实做好防灾减灾预警信息发布和传播“一张网”。

开展基层防灾减灾“一把尺”能力建设。严格按照中国气象局应急减灾与公共服务司印发的《基层气象灾害预警服务基本规范》，利用各气象业务平台，结合多伦县实际，继续开展灾害性天气短时临近预警服务，确保按规范执行，提高服务规范度。

开展基层防灾减灾“一队伍”能力建设。按照多伦县政府印发《关于切实加强多伦县气象信息员队伍建设的通知》内容，将全县3镇2乡中主要领导、分管防灾减灾工作负责人，社区主要负责人，65个行政村支部书记、村主任纳入气象信息员队伍，明确气象助理员的管理职责，确定信息员岗位职责、完善工作机制，确保预警预报服务产品传输及时、畅通。

建立与应急管理局、自然资源局、交通局、旅游局、教育局等部门的联动机制，将其气象灾害防御成员单位责任人纳入基层防灾减灾队伍。

开展基层防灾减灾"一平台"能力建设。按照上级气象部门要求，利用内蒙古天气预报一体化业务平台和自治区突发事件预警信息发布系统，通过培训学习熟练掌握各项功能，熟练应用，进一步提升服务效率和质量。

气象防灾减灾能力的提升，离不开现代化监测设备的支撑。近年来，多伦县气象现代化水平不断提高，先后建成1个七要素、2个六要素、6个四要素、13个两要素区域自动站和7个山洪雨量站、2个自动土壤水分监测站、2套农田气候仪。各类监测设备在暴雨洪涝、干旱等气象灾害监测中发挥重要作用。

4.3 存在问题

4.3.1 防灾意识薄弱

近年来，多伦县不断加大水利基础设施建设，防御能力得到加强。但由于地形形成的季节性河流和山洪沟完全没有预防设施，对突发气象灾害和次生灾害防御能力较弱。其次敏感群体和群众对气象灾害的发生防范意识薄弱，因此需要在加强水利基础设施建设的同时，通过宣传教育提升防灾减灾意识和能力。

4.3.2 气象灾害综合监测预警能力有待进一步提高

现有的气象灾害监测预警平台还不够完善，预报时效短、小尺度天气系统预报准确率不高，不能完全满足气象灾害防御的需求；预警信息的针对性、及时性、发布渠道和手段不能完全满足各行业和不同社会公众的需求；各部门信息尚未做到实时共享，突发气象灾害和次生灾害预警能力有待进一步提升；预警信息发布尚未做到全天候、无缝隙和全覆盖。

4.3.3　尚未建立气象灾害风险评估制度

对城乡规划和重点工程的气象灾害风险评估和气候可行性论证尚未开展。气象灾害指标需进一步完善，防御的工程措施不完善、标准偏低，农村牧区基础设施防御气象灾害的能力较弱。

4.3.4　气象灾害防御方案和应急预案不够完善

部分已有的气象灾害防御方案和应急预案可操作性不强，缺乏气象灾害分类、专项防御方案和应急预案；全社会气象灾害综合防御体系不够健全，部门联合防御气象灾害的机制不健全，部门间信息共享不充分，防灾减灾法规建设有待加强。

4.3.5　基层和公众气象灾害主动防御能力不足

应急能力弱，缺乏科学的、可操作性强的气象灾害防御指南；社区、乡村等基层单位防御气象灾害综合能力薄弱，缺乏必要的防灾知识培训和应急演练；全社会气象防灾减灾体系不完备。

4.4　气象灾害防御形势

构建社会主义和谐社会对气象灾害防御提出了更高要求。以人为本，全面协调可持续发展，对气象灾害防御的针对性、及时性和有效性提出了更高要求，尤其是如何科学防灾、依法防灾，最大限度地减少灾害造成的人员伤亡和经济损失，最大限度地减轻防灾的经济成本和社会负担，成为气象灾害防御亟待解决的问题。

随着全球气候变暖，极端天气气候事件发生频率加大。流域性特大洪涝、区域性严重干旱、高温热浪、极端低温、特大雪灾和冰冻等灾害出现的可能性增大。受全球气候变暖、污染物排放和城市建设的影响，大气气溶胶含量增加，雾、霾等事件也呈增多、增强趋势，对气象灾害防御提出了新的挑战。

我国经济快速发展，社会财富大大增加，人民生活水平显著提高，气象灾害对经济社会安全运行和人民生命财产安全构成更加严重的威胁。气象灾害对农牧业、林业、水利、环境、能源、交通运输、电力、通讯等高敏感行业的影响度越来越大，造成的损失越来越重，严重威胁着这些行业的安全运行。同时，气象灾害、气候变化及其伴生的水资源短缺、土地荒漠化、大气环境变差等问题都给经济社会发展和人民生命财产安全带来更加严重的影响。

第5章　主要气象灾害

5.1　气象灾害概述

气象灾害是指大气对人类的生命财产、国民经济建设及国防建设等造成的直接或间接损害，是自然灾害之一。

多伦县地处中温带大陆性半干旱向半湿润过渡的生物气候，因受西伯利亚和蒙古高压气团的相互影响，南部东西走向的阴山山脉阻挡了暖湿气流向北深入，灾害性天气发生频繁。冬季寒冷、漫长、少雪；春季干旱并多大风；夏季凉爽，但多局地性短时强降水；秋季多冰雹袭击。

多伦县主要气象灾害有干旱、沙尘暴、暴风雪、霜冻、冰雹、大风、暴雨洪涝等。在全球气候变化背景及地理环境等因素影响下，近年来气象灾害影响更为突出。气象灾害的发生具有频发性、区域性、季节性，并且常常是多灾并发，对农业生产造成极大危害。研究和认识这些气象灾害的发生规律和灾害指标对全县防灾减灾、经济建设、农牧业生产、森林草原生态环境建设等均有重要意义。

5.2　干旱

5.2.1　干旱概述

多伦县属干旱、半干旱气候，年降水量少，降水年际变化大，雨季集中，降水变率大，常年平均降水量 378 mm，且降水量时空分布不均；从水分平衡角度看，蒸发量远远大于降水量，蒸发量一般为同期降水量的1～9倍，春季可达8～17倍。多伦县以农业生产为主，干旱成为多伦县地区危害面积广、灾情严重的主要自然灾害之一，在一定程度上制约了当地农业生产的发展。

5.2.2 干旱定义

干旱在气象学上有两种含义：一是干旱气候，一是干旱灾害。干旱气候不等同于干旱灾害。干旱气候是指蒸发量比降水量大得多的一种气候，与特定的地理环境和大气环流系统相联系。干旱灾害是指某一地理范围在某一具体时段内的降水量比多年平均降水量显著偏少，导致该地区的经济活动（尤其是农业生产）和人类生活受到较大危害的现象。

5.2.3 干旱指标

(1)春旱指标

春季是农作物开始播种、出苗的季节，多伦县农作物播种期一般在4月下旬到5月上旬，5月中、下旬开始陆续出苗。热量条件和土壤墒情是作物出苗的主要因子，而作物出苗后生长阶段的主要因子是水分条件。由于目前多伦县大部分耕地为无灌溉条件的旱地，天然降水是农作物生长发育所需水分的主要来源，是确定干旱指标的主要因子。目前以各月降水距平百分率确定干旱指标，基本能反映出各地春旱发生情况，计算公式为

$$K_1 = \alpha_1 R_0 + \alpha_2 R_1 + \alpha_3 R_2 + \alpha_4 R_3$$
$$= 0.1R_0 + 0.1R_1 + 0.2R_2 + 0.6R_3$$

式中，K_1 为春旱指数，R_0 为冬季（11月—次年2月）降水距平百分率，R_1 为3月降水距平百分率，R_2 为4月降水距平百分率，R_3 为5月降水距平百分率，α_i 为权重系数。

将春旱分为不旱、旱、重旱三级：

不旱：$K_1 \geqslant 0$

旱：$-30 < K_1 < 0$

重旱：$K_1 \leqslant -30$

(2)夏旱指标

夏季是农作物生长发育期，是对水分条件要求最高的季节。7月，雨热条件最好，这期间的有效降水多少，对农作物产量的影响最大，对确定干旱指标的贡献也最大。仍以各月降水距平百分率确定干旱指标，计算公式为

$$K_2 = \alpha_1 K_1 + \alpha_2 R_1 + \alpha_3 R_2 + \alpha_4 R_3$$
$$= 0.1K_1 + 0.3R_1 + 0.4R_2 + 0.2R_3$$

式中，K_1 为春旱指数，R_1 为6月降水距平百分率，R_2 为7月降水距平百分率，R_3 为8月降水距平百分率，α_i 为权重系数。夏旱也分不旱、旱、重旱三级：

不旱：$K_2 \geqslant 0$

旱：$-25 < K_2 < 0$

重旱：$K_2 \leqslant -25$

(3)春夏连旱指标

一年中既有春旱，又有夏旱，称为春夏连旱。其指标为：K_1、K_2 均小于0。

5.2.4 发生规律

(1)春旱发生规律

多伦县春旱发生频率较高，12年中共出现春旱5次，发生频率41.7%，4次为一般性干旱，1次重旱(图5.1)。

据民政部门记载，2008年发生春末严重干旱，农田受旱灾及虫灾造成粮油减产0.35亿kg，损失5600万元；草场减产1.2亿kg(折干)，损失6000万元。2018年，全县五个乡镇55个村，11818人不同程度受旱灾影

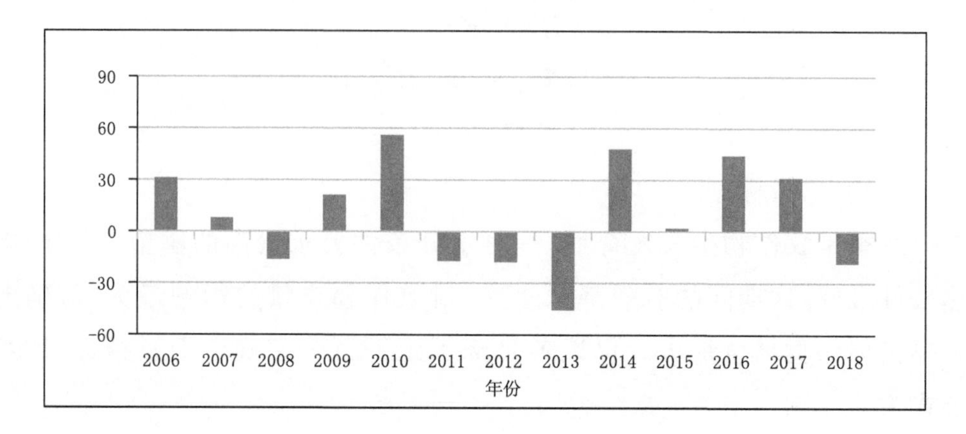

图 5.1 多伦县 2006—2018 年春旱指数

响，干旱导致 39390 亩（2626 公顷）农田受灾，成灾 35925 亩（2395 公顷），绝收 780 亩（52 公顷），18 万亩草场受灾；全县 982 人，4590 头大牲畜面临饮水困难，救助人口 982 人，灾害造成直接经济损失 180 万元。

（2）夏旱发生规律

多伦县夏季干旱发生频率也较高，12 年中共出现夏旱 6 次，发生频率 50%，3 次一般性干旱，3 次重旱（图 5.2）。

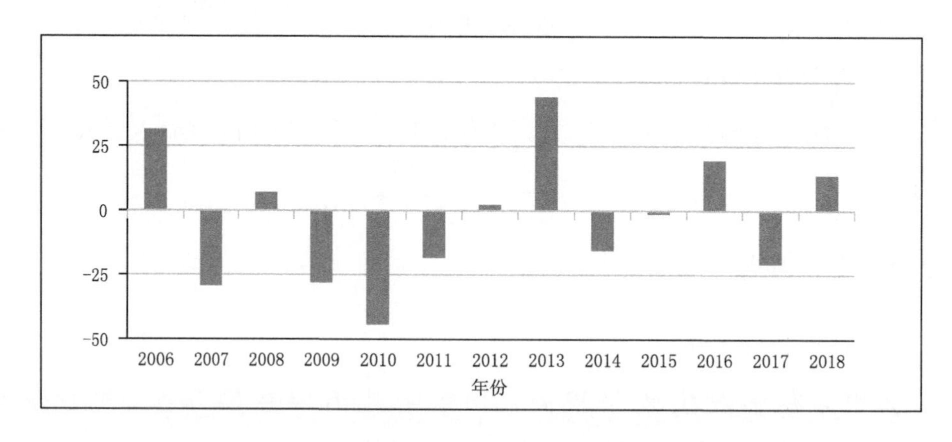

图 5.2 多伦县 2006—2018 年夏旱指数

据民政部门记载，2007 年，多伦县遭受历史上罕见的特大旱情，5—6 月的降水量仅为 37.4 mm，农田草场严重干旱，全县农业受旱面积 62 万亩，其中严重干旱面积 34 万亩，严重减产或绝收。草场发生旱灾 280 万亩，其中严重旱灾面积 170 万亩。旱情引发虫灾大面积爆发，蝗虫发生面积 60 万亩，其中农田 10 万亩、天然草场 50 万亩。

（3）春夏连旱发生规律

多伦县春夏连旱的发生频率相对罕见，统计资料得出：2006—2018 年共出现 1 次（图 5.3）。

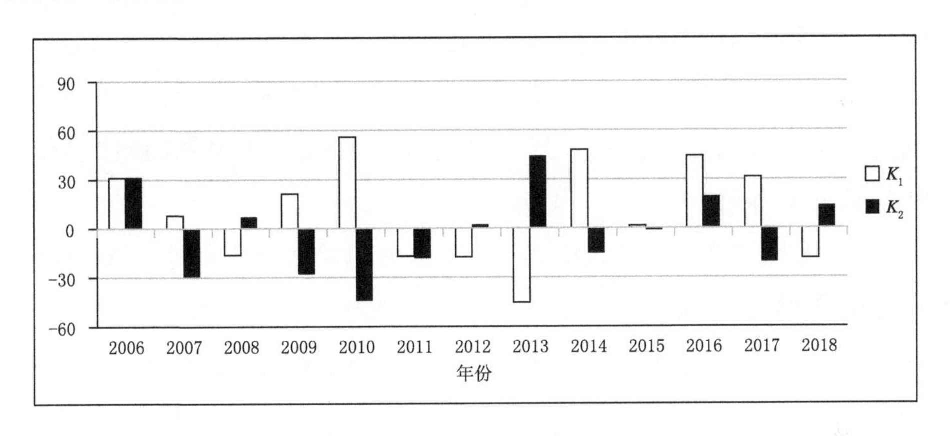

图 5.3　多伦县 2006—2018 年春夏连旱指数

干旱监测从不同层面有多种监测方法和指标，今后将根据实际情况，不断对干旱指标进行研究、修订、细化。

5.2.5　主要危害

干旱对农牧业生产危害极为严重。多伦县大部分耕地为无灌溉条件的旱地，生长季降水情况直接决定着作物生长及产量形成。春季降水少，作物出苗得不到及时的水分补充，减缓了作物的长势，严重时造成幼苗枯死。夏季是作物生长最需水分的季节，夏季降水是影响作物产量的最主要因素。夏季干旱常造成作物减产，严重时甚至绝收。同样，干旱常造成牧草减产，给畜牧业带来较大危害。

5.3 沙尘暴

5.3.1 沙尘天气定义

根据国家标准《沙尘天气等级》(GB/T 20480—2017),沙尘天气是指沙粒、尘土悬浮空中,使空气混浊、能见度降低的天气现象。

单站沙尘天气等级主要依据沙尘天气发生时的水平能见度,同时参考风力大小进行划分。沙尘天气划分为浮尘、扬沙、沙尘暴、强沙尘暴、特强沙尘暴五个等级。

浮尘:无风或风力≤3 级时,沙粒和尘土飘浮在空中使空气变得混浊,水平能见度小于 10 km。

扬沙:风将地面沙粒和尘土吹起使空气相当混浊,水平能见度在 1～10 km。

沙尘暴:风将地面沙粒和尘土吹起使空气很混浊,水平能见度<1 km。

强沙尘暴:风将地面沙粒和尘土吹起使空气非常混浊,水平能见度<500 m。

特强沙尘暴:风将地面沙粒和尘土吹起使空气特别混浊,水平能见度<50 m。

5.3.2 发生规律

多伦县地处大陆性季风气候区内,风能资源丰富,盛行西风。该区域经常有移动性的气旋、反气旋自西向东移行,那些强烈发展并快速东移的气旋常常造成沙尘天气。它们多出现在干燥季节和地表裸露的地区,每年 3—5 月是蒙古气旋发展最活跃的季节,又是大地解冻、失水最严重的季节,蒙古气旋强烈发展所造成的大风,便形成了沙尘天气过程。

(1)年际变化

多伦县沙尘暴多发生在春季的3—5月。1981—2010年,沙尘暴共计54 d,平均每年出现2 d,其中2002年出现天数最多,达到10 d,较为罕见。1992—2001年10年间沙尘暴天气出现次数非常低,仅有4 d,年最多出现1 d,是近30年中天数最少的一段时期(图5.4)。

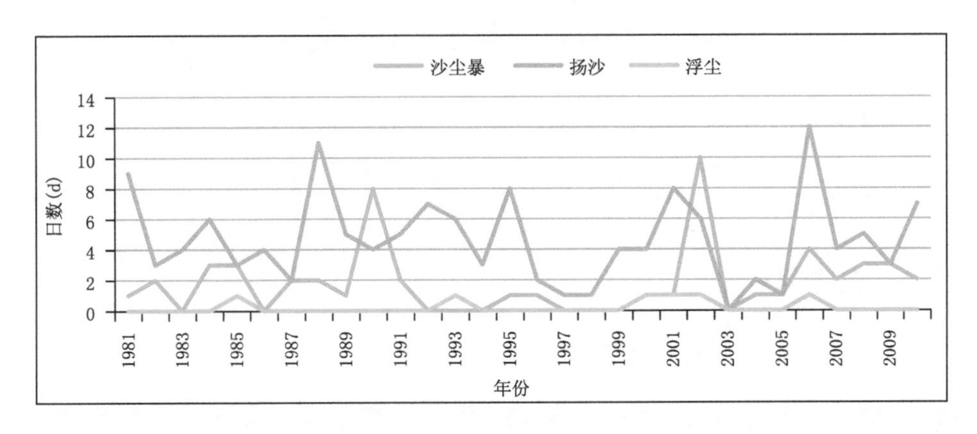

图5.4 多伦县1981—2010年沙尘天气年际变化

扬沙发生次数较多,几乎每年都有发生,共计140 d,平均每年5 d,其中2006年最多,出现12 d;1988年次之。

浮尘共计6 d,平均每年0.2 d,较为少见。

通过对沙尘暴、扬沙、浮尘天气过程进行统计可以看出:浮尘、扬沙、沙尘暴的变化趋势基本一致,即:1990年以后呈下降趋势,从2002年开始迅速上升,但2003年无一例沙尘天气,极为罕见。

(2)月际变化

对多伦县沙尘天气过程的月际变化(1981—2010年)进行统计,结果表明:4月是沙尘天气现象的最频发月,其次为3、5、2月,全年仅7月无沙尘天气出现记录(图5.5)。

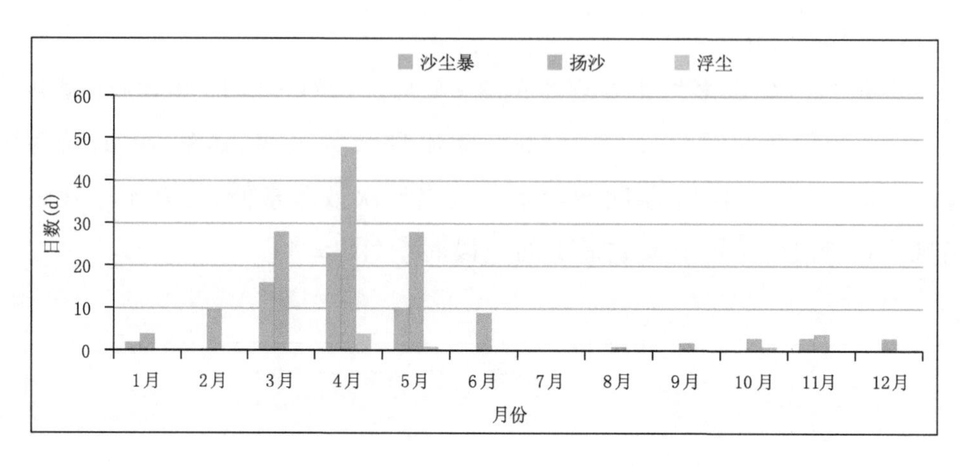

图 5.5 多伦县 1981—2010 年沙尘天气月际变化

5.3.3 主要危害

沙尘暴,特别是强沙尘暴是一种危害极大的灾害性天气,常造成农牧业设施破坏、空气污染、水源污染,甚至人畜伤亡等,而可吸入颗粒物,更直接危害人体健康。沙尘暴还会影响太阳短波辐射和地面长波辐射,从而影响区域气候,尤其是地气系统的辐射收支和能量平衡。沙尘暴来临时,能见度很低,严重影响交通,甚至影响高速公路的正常运行等。沙尘暴对牧事活动也构成一定的危害,使牲畜不能出牧,甚至造成牲畜死亡、丢失。

5.4 暴风雪

5.4.1 暴风雪定义

暴风雪(在牧区俗称"白毛风")是多伦县危害严重的一种气象灾害。这种灾害发生时,狂风裹挟着暴雪,天昏地暗,能见度极差,同时气温陡降。其天气的猛烈程度远远超过通常的大风寒潮和大雪寒潮,一般其风力为 7～8 级，降雪量≥8 mm，降温≥10℃。

雪暴：也称暴风雪，是指大量的雪被强风卷着随风运行，并且不能判定当时是否有降雪，气象能见度小于 1.0 km。发生时，寒风凛冽，可以造成道路掩埋，形成灾害，风向多为西北或偏北。

吹雪：也称风吹雪，是指由于强风将地面积雪卷起，使气象能见度小于 10.0 km。

5.4.2　发生规律

(1)年际变化

多伦县位于锡林郭勒盟最南端，暴风雪发生频率较低。雪暴 30 年共发生 6 d，平均每年发生 0.2 d；吹雪共计发生 30 d，平均每年发生 1 d(图 5.6)。

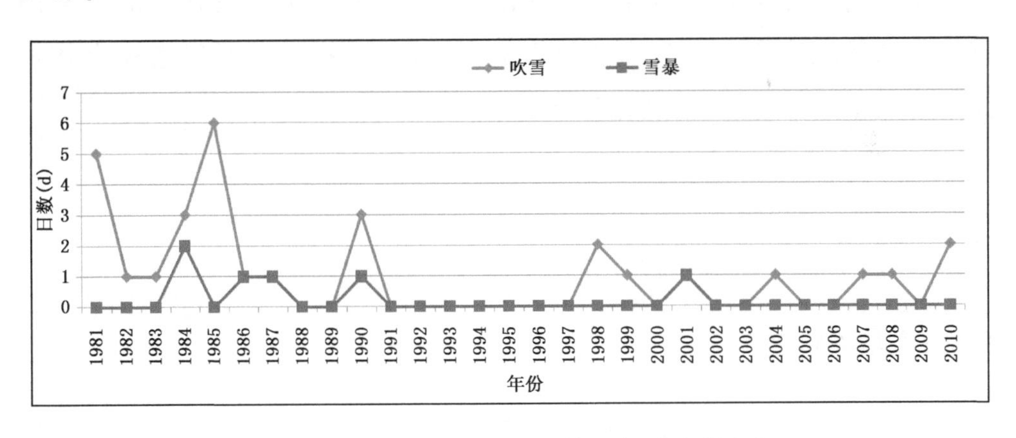

图 5.6　多伦县 1981—2010 年暴风雪天气年际变化

(2) 月际变化

对多伦县吹雪和雪暴天气的近 30 年(1981—2010 年)月际变化统计结果表明，其主要发生在 11 月至次年 3 月，12 月、1 月频率最高。白毛风天气一般在野外发生的频率和强度都较高，尤其冬季雪大的年份，经常出现(图 5.7)。

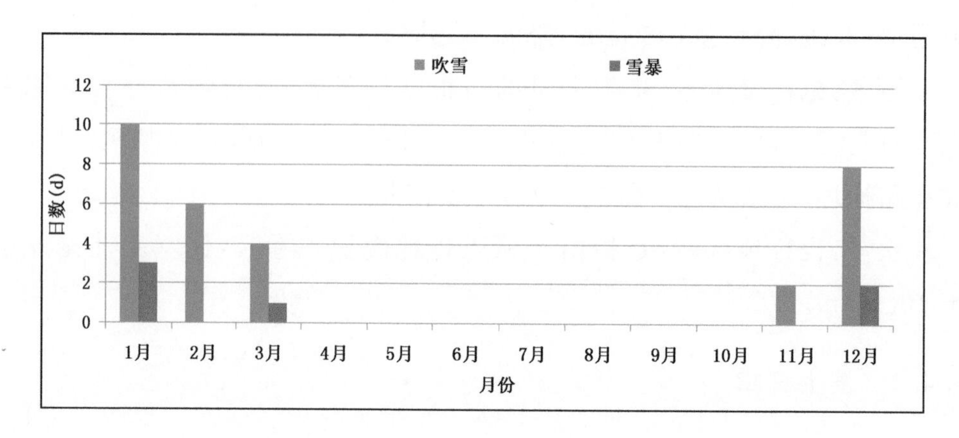

图 5.7 多伦县 1981—2010 年暴风雪天气月际变化

5.4.3 主要危害

暴风雪通常伴随剧烈降温和低温天气,常常发生放牧在外的人畜因迷失方向导致摔伤、冻伤、冻死等事故,造成严重损失。暴风雪还会使道路阻塞或中断,严重影响交通运输。

5.5 霜冻

5.5.1 霜冻定义

霜和冻实际上是两种不同的概念。

霜:水汽在地面和近地面物体上凝华而成的白色松脆冰晶;或有露冻结而成的冰珠。因其可见,亦叫"白霜"。

霜冻:是指土壤表面或植物株冠附近最低气温下降到 0℃以下,使作物遭受冻害的现象。

初霜冻:发生在一年内有霜冻危害的初期,即入秋后第一次出现的霜冻。初霜冻主要危害尚未成熟的大秋作物,所以也称"秋霜冻"。

终霜冻:发生在由寒冷季节向温暖季节过渡时期,即春季最后一次霜冻。终霜冻危害作物的幼苗和开花的果树，也称“春霜冻”。

无霜期：终霜冻与初霜冻的间隔天数称为无霜期。一般初霜冻出现得越早，对作物危害越大，形成的灾害也越重，同样，终霜冻出现得越晚，危害越大。

不同作物，遭受冻害的指标有所差异，当近地层空气干燥、湿度较小时，气温虽降到0℃或以下，地表未出现白霜，而此时作物已产生冻害，这种现象亦称为“黑霜”或“暗霜”。春霜冻害多发生于5月中、下旬至6月初，秋霜冻害多发生于8月下旬至9月中旬。

5.5.2　霜冻指标

在春季和秋季，当多伦县最低气温（百叶箱内）降到4℃或以下时，地表或地面物体表面最低温度一般在0℃或以下，会出现霜或霜冻，大部分作物会形成不同程度的冻害。因此，以空气最低温度小于或等于4℃作为霜冻指标。秋季最低气温首次降到4℃的日期为初霜日；春季最后一次最低气温大于或等于4℃的日期为终霜日。同样，当秋季空气最低温度下降到2～4℃，或春季空气最低温度下降到2～4℃，为轻霜冻。

5.5.3　发生规律

一般大范围强冷空气活动的强弱和早晚影响初、终霜日的早晚。多伦县无霜期较短，无霜日平均108 d。统计多伦县平均初霜日、终霜日的月际分布可以看出，在1981—2010年的30个初霜日中，主要集中在9月，为29 d，仅2009年出现在8月下旬，由此说明9月上、中旬是多伦县霜冻预报的关键期（表5.1）。

表5.1　多伦县1981—2010年初霜日分布

	8月下旬	9月上旬	9月中旬	9月下旬
初霜日出现日数(d)	1	14	12	3
百分比(%)	3.3	46.7	40	10

30个终霜日中,出现在5月的为73.3%,其次是4月的9.9%,最晚霜冻结束日期是1997年6月11日,可见5月是多伦县终霜冻的关注期,但6月上、中旬霜冻灾害对农作物的影响及造成的损失比5月更为严重(表5.2)。

表5.2 多伦县1981—2010年终霜日各月分布

	4月	5月			6月	
	下旬	上旬	中旬	下旬	上旬	中旬
终霜日出现日数(d)	1	2	6	16	4	1
百分比(%)	3.3	6.6	20	53.3	13.3	3.3

5.5.4 主要危害

霜冻灾害是农业气象灾害之一,对农业的危害十分严重,严重的霜冻害可使作物减产30%左右,甚至绝收。5月正值作物幼苗发育期,9月马铃薯等晚熟作物正处于收获期,因此受霜冻灾害影响较大。例如,2012年大范围的严重初霜冻,出现在8月22日,气温降到0℃以下,使马铃薯、莜麦、荞麦、蔬菜等大田作物大面积受灾。

5.6 冰雹

5.6.1 冰雹定义和标准

冰雹灾害是由强对流天气系统引起的一种剧烈的气象灾害。它出现的范围虽然较小,时间也比较短促,但来势猛、强度大,并常常伴随着狂风、雷电、短时强降雨等突发性灾害天气,给农业、建筑、通信、电力、交通以及人民生命财产带来巨大损失。

冰雹:坚硬的球状、锥状或形状不规则的固态降水,雹核一般不透明,外面包有透明的冰层,或由透明的冰层与不透明的冰层相间组成。大小差异大,大的直径可达数十毫米,常伴随雷暴出现。

雹块的大小差异很大，一般降雹的最大雹块直径小于 30 mm，常见的如豆粒大小，个别罕见的雹块直径大于 100 mm。雹块越大，下落速度和破坏力越大。如直径 30 mm 的雹块质量为 13 g，落速约 25 m · s^{-1}，会给农牧业造成很大的灾害。

5.6.2　发生规律

（1）年际变化

多伦县 1981—2010 年共计出现冰雹 80 d，平均每年 3 d，其中在 1986 年出现 7 d 冰雹天气（图 5.8）。

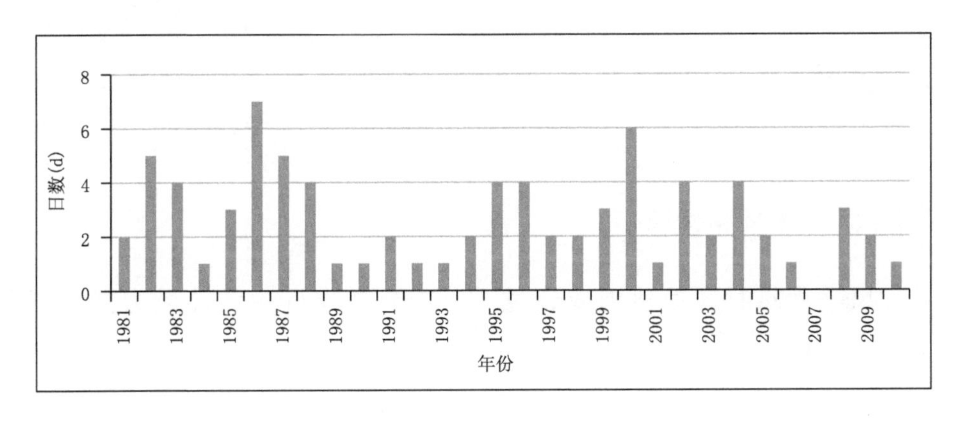

图 5.8　多伦县 1981—2010 年冰雹天气年际变化

（2）月际变化

多伦县冰雹 4—10 月都有发生，主要降雹期为 5—8 月，4 月只在 1982 年出现过 1 d。终雹日一般在 9 月下旬至 10 月（图 5.9）。

5.6.3　主要危害

冰雹不仅可对农作物造成直接的物理伤害，而且当地面冰雹厚度达到 5 cm 时，它会数小时不融化致使农作物、蔬菜等根部受低温冻害，甚至出现烂根现象。在城市道路上出现一定厚度的积雹，会对交通安全造成不利影响，严重时可能导致高速公路暂时关闭。

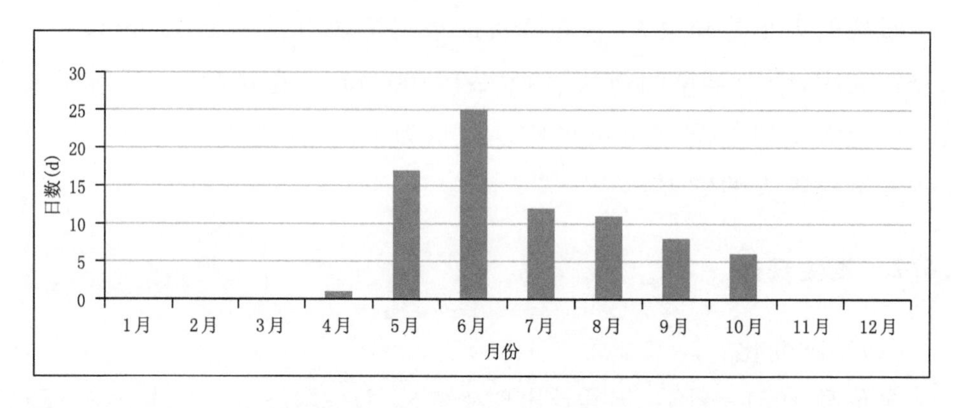

图 5.9 多伦县 1981—2010 年冰雹天气月际变化

5.7 大风

5.7.1 大风定义和标准

大风是指瞬时风速达到或超过 17.0 m/s(或目测估计风力达到或超过 8 级)的风。

5.7.2 发生规律

(1)年际变化

多伦县 1981—2010 年的 30 年中出现大风 1465 d,平均每年出现 48.8 d。对大风的年际变化分析发现,20 世纪 80 年代大风天气频发,90 年代起大风日数呈逐年减少趋势,且趋势显著(图 5.10)。

(2)月际变化

分析多伦县 1981—2010 年大风日数月际变化情况可见,一年中大风均可发生,但以 3—5 月多发,主要由地理位置及春季天气回暖造成。8 月最少,其次是 7 月,夏季大风主要由对流性天气造成,一次持续时间较短(图 5.11)。

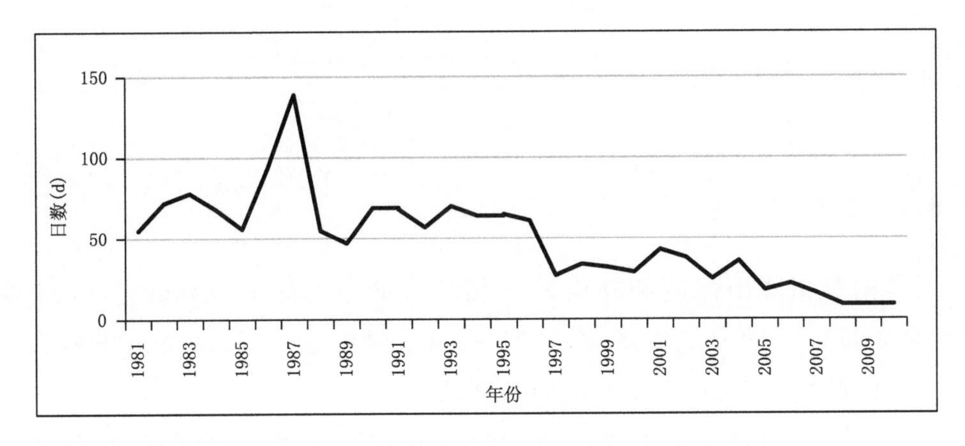

图5.10　多伦县1981—2010年大风日数年际变化

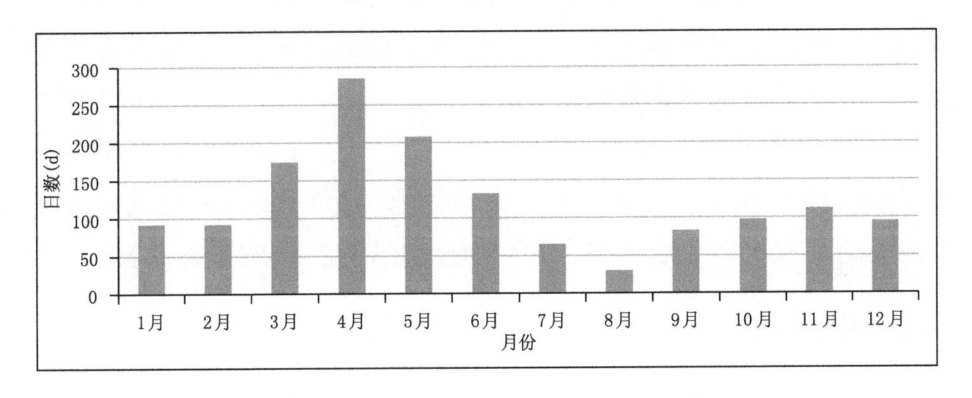

图5.11　多伦县1981—2010年大风日数月际变化

5.7.3　主要危害

大风是一种破坏力很强的灾害性天气，常常会给设施农业、大田高秆作物等农作物造成损失；大风往往还会造成沙尘暴，对交通及人体健康带来危害；冬季大风如果与降雪相伴，形成的暴风雪有时会给牧业生产带来毁灭性打击。

5.8 暴雨洪涝

5.8.1 定义和标准

暴雨是指降雨强度和降雨量均相当大的雨，即 50.0 mm≤日（24 小时）降雨量≤99.9 mm 的降雨；100 mm≤日降雨量<249.9 mm 的称大暴雨；日降雨量≥250.0 mm 的称特大暴雨。

洪灾一般是指河流上游的降雨量或降雨强度过大、急骤融冰化雪或水库垮坝等导致的河流水位突然上涨和径流量突然增大，超过河道正常行水能力，在短时间内排泄不畅，或暴雨引起山洪暴发、河流暴涨漫溢或堤防溃决，形成洪水泛滥造成的灾害。

涝灾一般是指本地降雨过多，或受沥水、上游洪水的侵袭，河道排水能力降低、排水动力不足或受大江大河洪水、海潮顶托，不能及时向外排泄，造成地表积水而形成的灾害，多表现为地面受淹、农作物歉收。

5.8.2 发生规律

多伦县境内大部地区属丘陵山地地形，河流众多，容易引发洪涝灾害。近年来，随着防洪工程、中小河流治理工程、退耕还林、生态治理等项目的实施，有效减少了暴雨造成的洪涝灾害的发生。2018 年 8 月 27 日，发生全县范围暴雨，其中 8 个自动气象监测站出现 100 mm 以上大暴雨。此次降水造成诺尔镇、大北沟镇、滦源镇、蔡木山乡、西干沟乡多个村组受灾。灾害造成 1 人死亡，2801 户 7843 人受灾，受灾农田面积 6644 公顷，成灾 3859 公顷，绝收 695 公顷，草场受灾 596 公顷。洪水还造成 3 座桥梁毁损，通行中断，37 处乡村路段冲毁，灾害造成直接经济损失 6870 万元。

5.8.3 主要危害

洪涝灾害可分为直接灾害和次生灾害。在灾害链中，最早发生的灾害称原生灾害，即直接灾害，洪涝直接灾害主要是指由于洪水直接冲击破坏，淹没所造成的危害。如人口伤亡、土地淹没、房屋冲毁、堤防溃决、水库垮塌；交通、电讯、供水、供电、供油（气）中断；工矿企业、商业、学校、卫生、行政、事业单位停课停工停业以及农林牧减产减收等。次生灾害是指在某一原发性自然灾害或人为灾害直接作用下，连锁反应所引发的间接灾害，如暴雨、台风引起的建筑物倒塌、山体滑坡。

第6章 气象灾害风险区划

6.1 定义与方法

6.1.1 气象灾害风险区划界定

气象灾害风险是指气象灾害发生及其给人类社会造成损失的可能性，既具有自然属性，也具有社会属性，无论自然变异还是人类活动都可能导致气象灾害发生。气象灾害风险性是指若干年（10年、20年、50年、100年等）内可能达到的灾害程度及其灾害发生的可能性。根据灾害系统理论，灾害系统主要由孕灾环境、致灾因子和承灾体共同组成。在气象灾害风险区划中，危险性是前提，易损性是基础，风险是结果。

6.1.2 气象灾害风险区划方法

气象灾害风险区划主要根据气象与气候学、农业气象学、自然地理学、灾害学和自然灾害风险管理等基本理论，采用专家评定法量化各种灾害指数，在GIS技术的支持下对多伦县气象灾害风险进行分析和评价，编制气象灾害风险区划图。本区划所需的数据主要包括多伦县及其周边常规气象站和区域自动气象站的气象数据、气象灾害的灾情数据（如受灾面积、经济损失、人员伤亡等）、地理空间数据（土地利用现状、地形、地貌、地质构造、河网分布等）、社会经济数据（如人口、GDP等）。这些数据主要来自多伦县气象局、国土局、水利局、统计局等部门的相关统计年鉴（2010年）。

本区划的技术流程如图 6.1 所示，从致灾因子、孕灾环境、承灾体、防御能力等 4 个方面确立风险评估模型，在 GIS 支持下，逐一对各个方面模型进行量化、面化运算获得评估指标栅格图层。通过专家评定法，为不同图层选取权重因子，加权平均所有图层得到风险区划图。

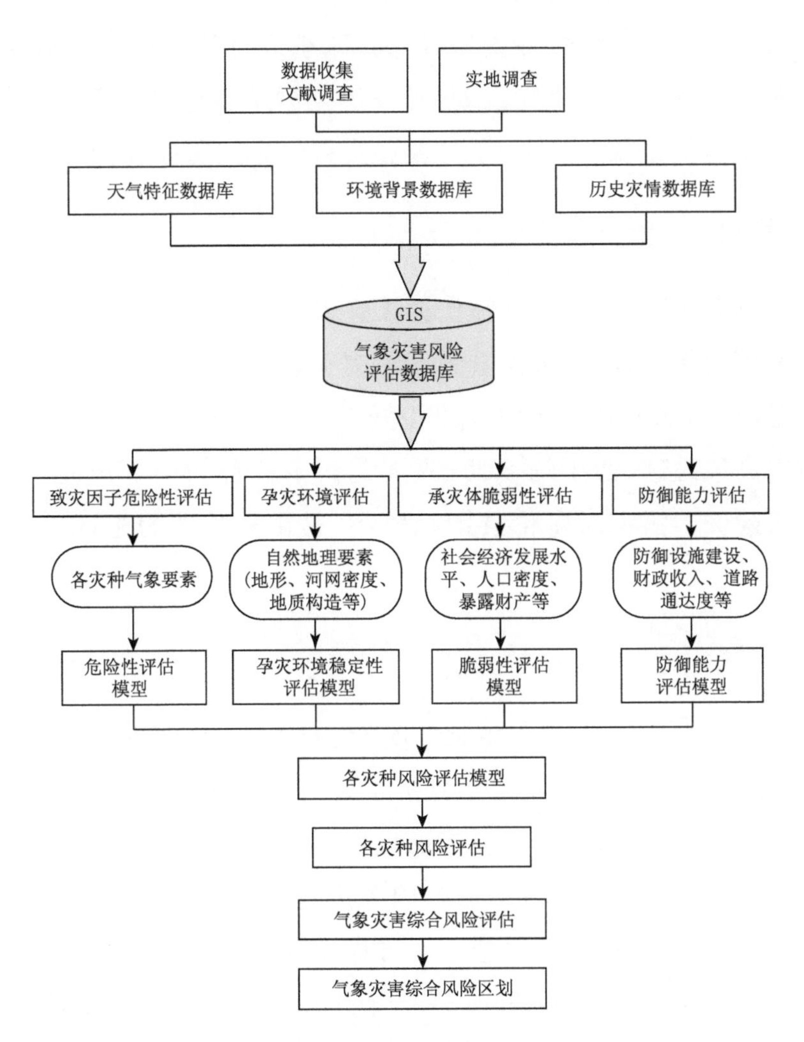

图 6.1　多伦县气象灾害风险评估流程图

6.2 主要气象灾害风险区划成果

根据上面的风险区划方法和流程，综合考虑致灾因子、孕灾环境、承灾体三个方面确立风险评价指标体系，在 GIS 支持下，分别对暴雨山洪、干旱、雷暴、暴风雪、寒潮、沙尘暴、白灾、冰雹进行气象灾害风险区划。通过研究多伦县气象灾害风险区划，进一步查清了多伦县气象灾害的分布、形成原因及其发生规律，绘制了全县各灾种气象灾害风险图。

6.2.1 雪灾

雪灾灾害风险区划主要考虑地形地貌、积雪资料、低温频率、人口经济等作为评价因子，绘制多伦县地区雪灾灾害风险区划图(图 6.2)。从图中可以看出，蔡木山乡东北部、滦源镇东部、西干沟乡北部、大北沟镇东南部为雪灾高风险区，西干沟乡西部、大北沟镇西部为中等风险区，其余地区为低风险区。雪灾对多伦县影响较小，是由种植业为主的产业结构所决定。

6.2.2 洪涝

洪涝灾害的风险区划主要对危险性、暴露性、脆弱性、防灾减灾能力 4 个方面进行综合分析。危险性分析主要研究该区域在特定时间内遭受的洪水灾害强度指标，地形主要考虑坡度、高度、河网密度 3 个方面；暴露性分析是对研究区内的各种受影响因子进行分析，在居民总数、流动人口及旅游人数情况、国民生产总值 4 个方面研究内容中建立相关指标，分析绘制洪涝灾害风险区划图(图 6.3)。由图 6.3 可以看出，大北沟镇西南部为高风险区，大北沟镇东北部、西干沟乡北部、蔡木山西南部和滦源镇南部为中风险区，其余地区为低风险区。

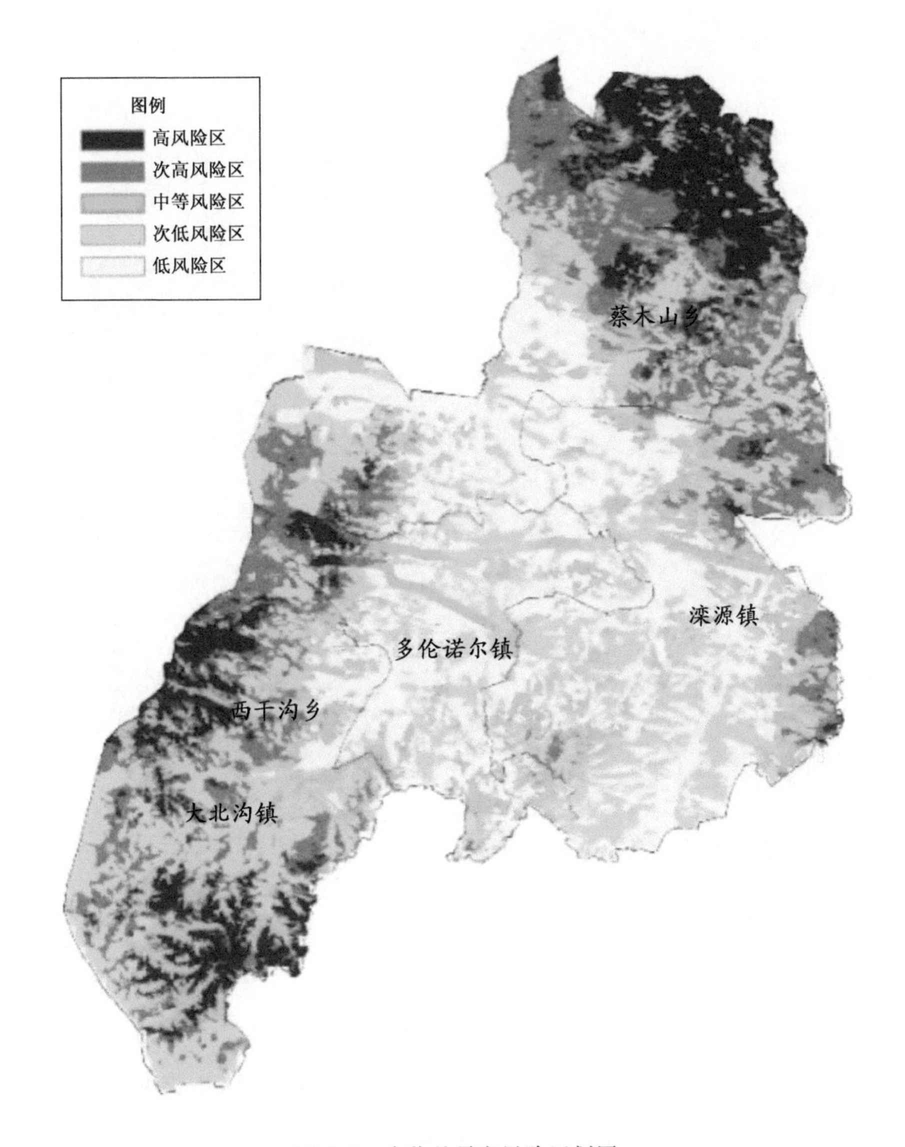

图 6.2　多伦县雪灾风险区划图

6.2.3　沙尘暴

沙尘暴风险区划主要考虑沙尘空间分布、道路密度、水系面密度、人口、经济数据作为评价因子，其中致灾因子主要考虑沙尘分布和水系面密

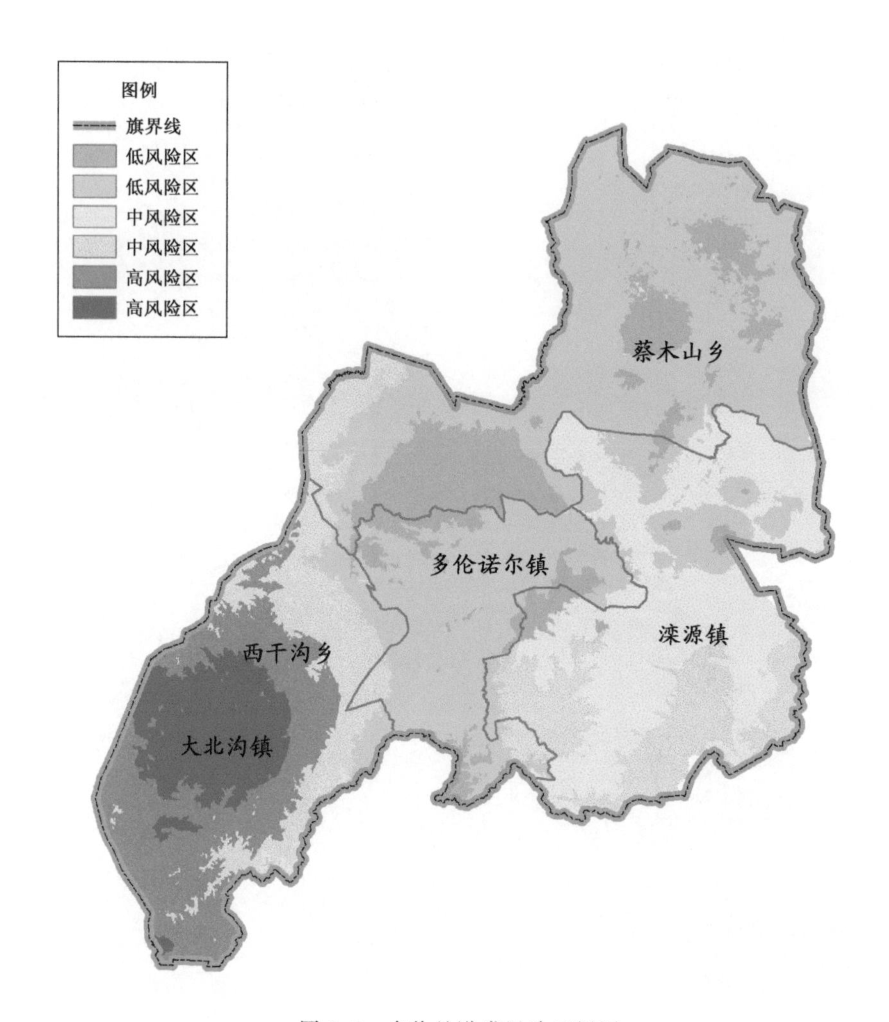

图 6.3 多伦县洪涝风险区划图

度，绘制沙尘暴风险区划图（图 6.4）。多伦县从西至东地区沙尘暴风险等级逐渐减弱。大北沟镇为沙尘暴灾害高风险区，西干沟乡东北部、蔡木山乡西南部和滦源镇南部为中风险区，其余地区为低风险区。

6.2.4 干旱

干旱风险区划主要考虑地形地貌、干旱强度频率、人口经济等作为评价因子，农作物受干旱的影响最为显著。根据多伦县地区实际，将干旱危

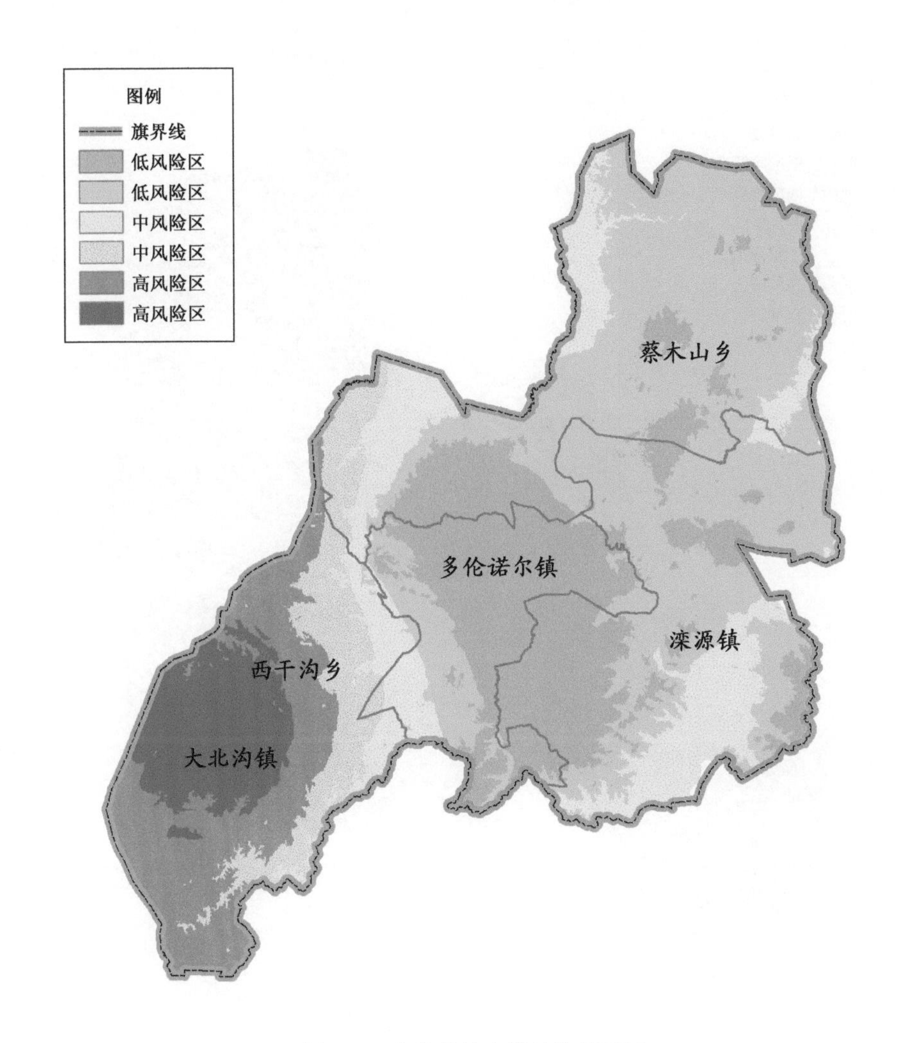

图6.4　多伦县沙尘暴风险区划图

险性、干旱敏感度及易损性进行综合分析，绘制多伦县地区干旱灾害风险区划图(图6.5)。由图看出，多伦县从东北至西南地区干旱风险等级逐渐减弱。滦源镇北部、蔡木山乡除西南部均为干旱灾害高风险区，蔡木山乡西南部、诺尔镇、滦源镇南部为中风险区，其余地区为低风险区。

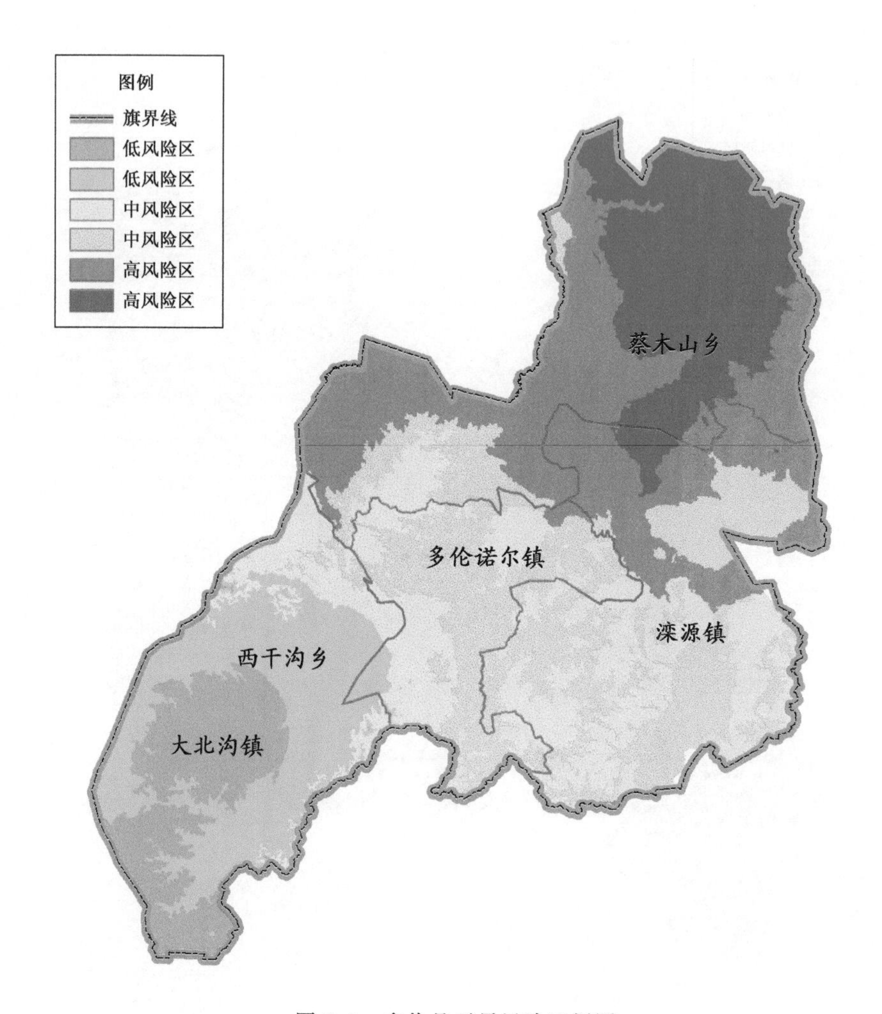

图 6.5 多伦县干旱风险区划图

6.2.5 霜冻

霜冻灾害风险区划主要考虑地形地貌、水体、湿地等下垫面、低温频率、人口经济、种植结构等作为评价因子，绘制多伦县地区霜冻灾害风险区划图(图 6.6)。由图可以看出，大北沟镇为高风险区，西干沟乡东北部、蔡木山乡西南部、滦源镇南部为中风险区，其余地区为低风险区。

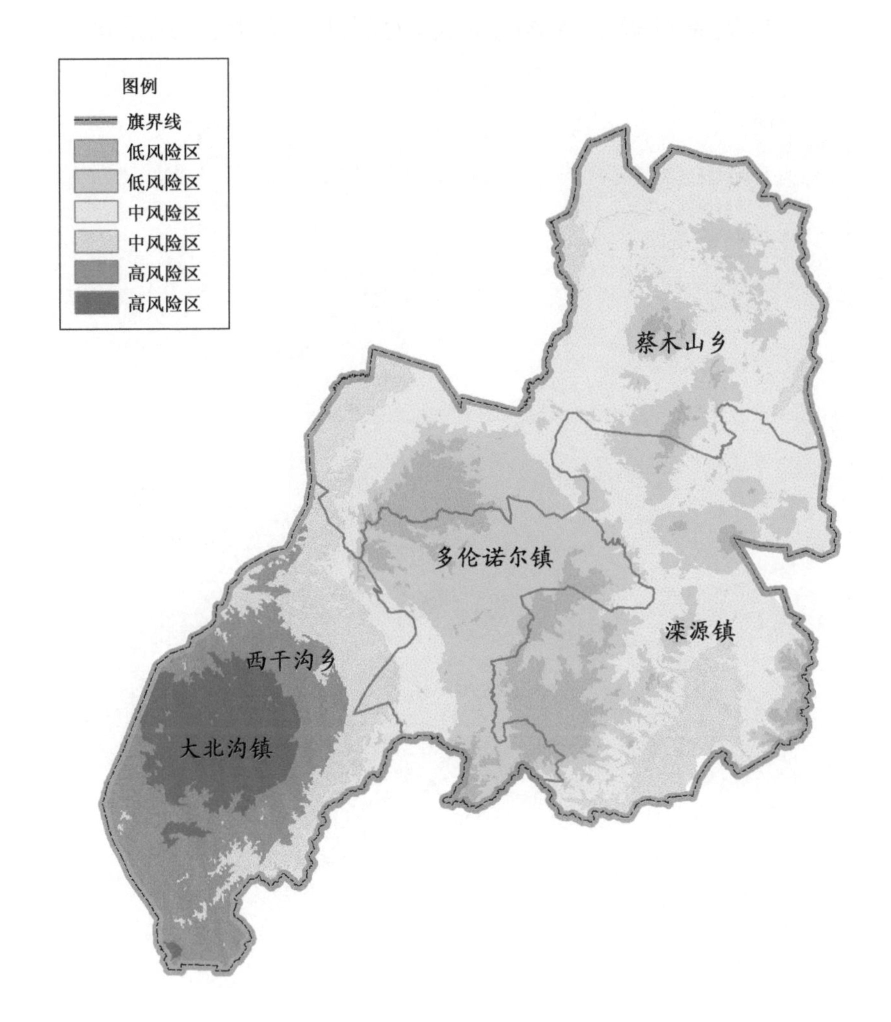

图 6.6　多伦县霜冻风险区划图

6.2.6　雷电

雷电作为强对流性天气所造成的主要灾害之一，由于其成灾迅速、影响范围大、致灾方式多样，给其预报和防御带来了极大的困难。雷电灾害几乎每年都有，但轻重不等。雷电灾害风险是指雷击发生及其造成损失的概率。雷电危险性主要考虑地闪发生的频次，雷电易损性主要考虑建筑物分布以及人口、经济密度而形成多伦县地区雷电灾害风险区划图

(图 6.7)。雷电灾害对多伦县影响不大,大部地区为中、低风险区。

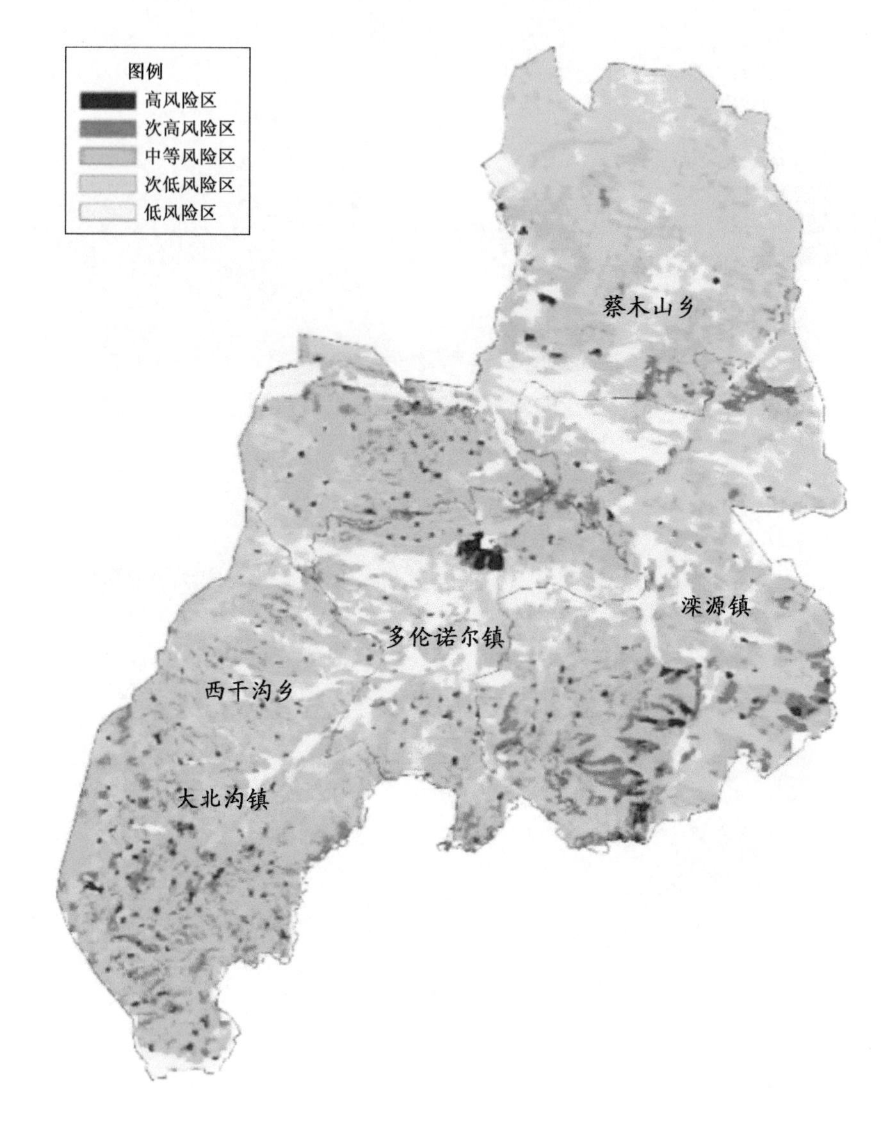

图 6.7　多伦县雷电风险区划图

6.2.7　冰雹

冰雹灾害风险区划主要考虑历史上出现冰雹的次数,结合地势走向、土地利用类型、村镇分布,绘制多伦县地区冰雹灾害风险区划图(图 6.8)。

蔡木山乡东部、滦源镇东部为冰雹灾害高风险区，蔡木山乡西部、滦源镇西部、诺尔镇、西干沟乡东部、大北沟镇东部为中风险区，其余地区为低风险区。

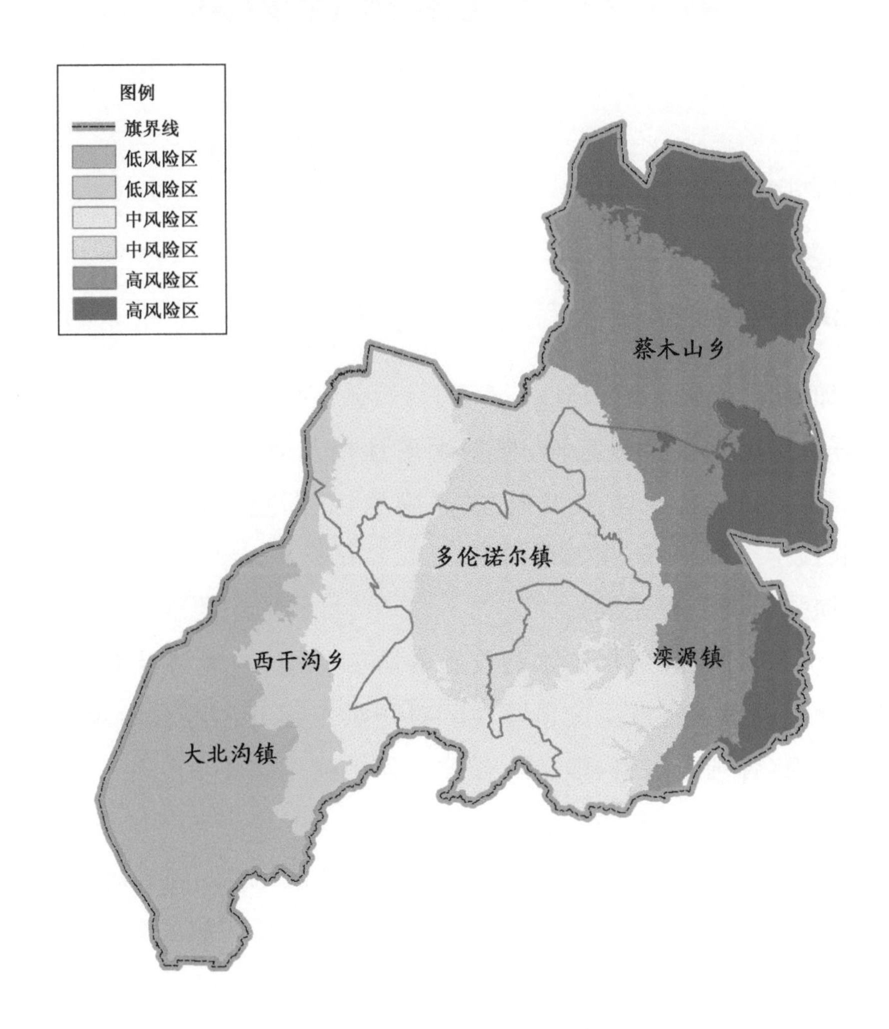

图 6.8　多伦县冰雹风险区划图

第7章　气象灾害防御

7.1　暴雨洪涝灾害防御

7.1.1　洪涝灾害防御

(1)加强暴雨预报预警

做好暴雨的预报警报工作,根据暴雨预报及时做好暴雨来临前的各项防御措施。认真检查防洪工程,发现隐患,立即整改,城市地下排水系统要采取预排空措施,防止城市内涝。

(2)加强防洪工程建设

在洪涝高风险区,应提高水利设施的防御标准,与经济社会发展相适应,降低暴雨洪涝灾害发生的风险性。对防洪工程开展综合治理,修筑堤防,整治河道,合理采取蓄、泄、滞、分等工程措施。

(3)加强防洪应急避险

居住在病险水库下游、山体易滑坡地带、低洼地带、有结构安全隐患房屋等危险区域人群,遇洪涝灾害应及时转移到安全区域。

(4)加强城市排水管理

做好城市内涝防范管理工作,加强市区排涝设施建设和维护,遇洪涝灾害及时做好排涝。

7.1.2　小流域山洪防御

(1)提升山洪监测预警能力

小流域山洪高风险区应设置警示牌,配备报警器,每个流域、每个村设置水位、雨量观测设施,落实预警员、观测员,提高小流域山洪灾害的监测预警能力,增强小流域山洪防御水平。

(2)完善山洪灾害防御预案

建立乡镇、村两级防洪避洪管理组织和防洪避洪组织网络,明确防御工作责任。完善防御小流域山洪灾害的保障体系,开展小流域山洪灾害防御预案演练。

(3)加强水利工程巡查与监控

加强对上游山塘、水库以及河道堤防等水利工程的巡查,密切监视暴雨可能引发的小流域洪灾、山体滑坡、泥石流等气象次生灾害。

(4)加强小流域防洪工程建设与管理

对小流域工程进行整治,除险加固,达到10年一遇的防御标准。加强高风险区建筑物安全管理,小流域山洪高风险区农民自建房要符合防山洪防御标准。

7.1.3　地质灾害防御

(1)建立健全地质灾害监测预警网络

开展地质灾害调查评价,完善地质灾害群测群防网络体系,建立重要突发性地质灾害及地面沉降专业监测网络,实现地质灾害的监测预警。

(2)提高地质灾害应急处置与救援能力

加强地质灾害应急处置和救援能力建设。组建应急队伍,开展救援演练,当收到地质灾害预警信息后,受影响地区的公众应当立即撤离危险区。地质灾害发生后,应急小分队应当快速反应,立即奔赴事发地点救援。

(3)加大地质灾害勘查治理和搬迁避让

根据地质灾害点的规模、危害程度、防治难度以及经济合理性等实际情况,分别提出实施应急排险,勘查治理或搬迁避让的具体措施。

(4)强化工程建设与地质灾害危险性评估

强化地质灾害易发区内工程建设项目及城市总体规划、村庄、集镇规划的地质灾害危险性评估,提出预防和治理地质灾害的措施,从源头上控制和预防地质灾害,最大限度降低建设工程风险和维护费用。

(5)加强地质灾害防治

积极推进农村牧区建设中各项地质灾害防治工作,做好农村牧区受灾被毁耕地、草场及基础设施的恢复、整理和重建,加强农村牧区地质灾害基本知识宣传,提高广大农牧民防灾抗灾意识和自救互救能力。

(6)加强地质灾害防治信息系统建设

大力推进地质灾害防治信息资源的集成、整合、利用与开发,促进信息共享,实现地质灾害防治管理网络化、信息规范化、数据采集与处理自动化。

7.2 干旱防御

(1)加强干旱监测预报

重视干旱监测预报,开展土壤墒情监测,建立与旱灾相关的气象资料和灾情数据库,对多伦县干旱灾害高风险区,开展干旱预测,实现旱灾的监测预警服务。

(2)适时开展人工增雨

对将出现或已出现旱情的地区进行调查,开展干旱状况评估,指导适时开展人工增雨作业,合理开发利用空中水资源,减少干旱损失,改善生态环境。

(3)推广节水灌溉技术

加强设施农牧业旱涝墒情专项服务,推广应用先进的喷灌、滴灌等节水灌溉技术，建设滴灌示范工程，提高水资源利用率。

(4)重视水利工程建设

整修水库和抗旱提水工程，切实加强农田水利建设，在重视大型水利工程的同时，在山区着力发展各类投资少、见效快的小型水利工程建设。

(5)加强防旱植被建设

对于干旱发生的高风险区，加大绿化力度，在交通主干道两侧建设“绿色长廊”，推进农村牧区绿化建设，减少农田水分蒸发。因地制宜推广耐旱作物或树种的种植。

7.3　雪灾防御

(1)加强大雪监测预报预警

做好降雪监测预报和预警信号的发布，雪灾高风险区遇降雪天气应积极发挥气象协理员队伍作用进行降雪监测。为设施农牧业和各企事业单位开展雪压预报服务。

(2)强化雪灾应急联动

制定冰雪灾害专项应急预案，落实防雪灾和防冻害应急工作。加强气象与住建、交通、电力、通信等部门的协作和联动，开展雪灾防御工作。

(3)做好敏感行业雪灾防御

县农牧业、交通、电力等部门应根据预警信息、防御指引和应急预案加强和指导抗雪灾工作。做好农牧业设施、输电设施、钢构厂房的抗雪压标准化建设。

7.4　草原火灾防御

(1)开展草原火险等级预报

在冬春季节草原火灾多发期，制作 24 小时森林火险等级预报，通过广播、短信、电视等多种渠道对外发布。高火险期间适时开展人工增雨。

(2)加强草原火险监测监控

建设草原灾害远程视频监控系统,建立监控中心和前端监控点。在草原防火特殊期,关注草原火险等级预报,安排人员24小时值班。

(3)加强草原消防宣传教育

积极组织开展草原防火宣传活动,广泛宣传草原消防法规、制度和防扑火知识,全面提高广大群众法制意识及安全意识。

(4)加强草原火险隐患整治

每年开展草原火险隐患整治月活动,对一般隐患落实巡查人员进行循环检查,对重点隐患落实专人看守。建立草原消防物资储备库,为扑救重特大草原火灾提供保障。

(5)加强草原防火督查指导

在草原火险高风险区和易发时间段,及时组织督查人员进行督查指导,加强火源管理,严控火种进山,减少火险隐患,最大限度遏制火灾发生。

7.5 突发性天气灾害防御

7.5.1 大风、沙尘暴防御

(1)加强大风监测预报预警

气象部门应做好大风监测预报,当有大风、寒潮、强对流天气来临时,及时向社会公众发布大风预警信息和防御指引。

(2)加强大风、沙尘暴灾害防御

在接收到大风预报或预警信息后,应根据防御指引,及时科学地加固棚架、临时搭建物、广告牌及现代农牧业设施,停止露天集体活动,停止高空、水上户外作业。

(3)加强防风设施建设

永久性和临时建筑以及农牧业产业、农牧业设施等应根据大风灾害风险区划进行规划,加大对防风设施建设的投入力度,大力推广防风林带建设。

7.5.2　雷电防御

(1)加强防雷安全管理

建立防雷管理机制,制定农村牧区防雷技术规范。各乡镇和有关单位应根据雷击风险等级,采取定期检测制度,发现雷击隐患及时整改,减少雷击灾害事故。

(2)加强科普教育宣传

加强雷电科普知识和防雷减灾法律法规宣传,实现雷电防护知识进村入户,提高群众防雷减灾意识。增强群众自我防护和救助能力,有效减轻雷电灾害损失。

(3)加强雷电监测与预警

按照“布局合理、信息共享、有效利用”的原则,规划和建设雷电监测网,提高雷电灾害预警和防御能力,及时发布、传播雷电预警信息,扩大预警信息覆盖面,提前做好预防措施。

(4)加强雷电技术服务

规范和加强防雷基础设施的建设。做好雷击风险评估、防雷装置设计技术性审查和防雷装置检测工作。建立防雷产品测试和检验技术服务体系,保证防雷产品的质量安全。

(5)加强雷击灾害调查分析

做好雷击灾害调查和鉴定工作,提供雷击灾害成因的技术性鉴定意见,为雷击灾害事故的处理及灾后整改与预防提供科学客观的法律依据。

7.5.3 冰雹防御

提高冰雹监测和预报水平。加强气象雷达跟踪探测，开展冰雹等强对流天气预报技术研究，探索冰雹临近预报，进一步提高预报准确率。

7.5.4 冻害防御

(1)做好低温冰冻预报预警

气象部门应做好低温冰冻、电线覆冰、道路结冰等预报服务，及时发布预警信息，提醒相关部门和公众按照防御指引做好防冻保暖措施。

(2)做好农作物防冻工作

县农牧业、林业等部门应加强指导各地经济作物和设施农业田间管理，积极采取科学防冻措施。选育抗冻抗寒良种，提高农作物抵御低温冰冻能力。

7.5.5 寒潮防御

政府及有关部门按照职责做好防风防寒潮准备工作；外出人员注意防寒保暖，预防感冒等疾病的发生；农牧业部门做好大棚加固和设施蔬菜低温寡照气象灾害的防御指导工作。

低温雨雪天气，会出现道路积雪和结冰现象，公安、城管、交通、高速公路、电力等有关部门应做好防御工作，以防事故发生；供热部门应做好设备检修和维护工作，确保居民的正常供暖。

第8章　气象灾害防御措施

8.1　非工程性措施

8.1.1　防灾减灾指挥系统的建设

(1)多伦县防灾减灾指挥部

多伦县人民政府成立气象灾害防御指挥部，负责领导指挥全县气象灾害防御工作。由政府分管副县长任总指挥，县气象局长为副总指挥。指挥部成员单位为：县政府办公室、气象局、农牧和科技局、宣传部、应急管理局、发展和改革委员会、财政局、民政局、自然资源局、住房和城乡建设局、交通运输局、防汛办、林业和草原局、卫生健康委员会、文体旅游广电局、公安局、供电局、移动公司、联通公司、电信公司及各乡(镇)。

防灾减灾指挥部办公室设在气象局，主任由气象局领导兼任，联络县各大班子，协调全县各行业、重点企业、县直各单位，督促落实制订、编制、实施气象灾害防御规划的有关工作，特别是上述单位和各乡(镇)都要根据实际及防御气象灾害的需要，负责编制、实施本部门的气象灾害防御规划。

(2)突发公共事件综合应急指挥平台

在结合现有的“国家突发事件应急平台”基础上，建立突发公共事件综合应急指挥平台，由县应急管理局统一协调灾害应急管理工作，支撑应急预案实施，提高政府应对突发公共事件的能力。通过对各职能部门各自分立、互不相通的信息等资源进行整合，形成一个以应急部门为中枢，面向各职能部门提供统一服务、综合应急的指挥系统，逐步建立“结构完整、功能全面、反应灵敏、运转高效”的突发公共事件应急体系，全面履行政府应对突发公共事件的职责。

(3)县防汛抗旱指挥系统建设

县政府设立防汛抗旱指挥机构，指挥机构办公室设在县应急管理局，指挥机构实行统一领导、分级负责，建立完善的监测设施、完备的防汛抗旱预案和洪涝、干旱灾害处置应急措施，并及时向县政府领导报告和传达自治区、盟“防指”的各项指令，按指令对有关防洪抗旱工程进行调度，联络、协调各成员单位和各乡(镇)防洪抗旱、抢险救灾等工作。乡(镇)、村(社区)、企事业等基层单位，根据需要设立防汛抗旱办事机构，负责本行政区域或本单位的防汛抗旱和水利工程险情处置工作。

(4)部门防灾减灾系统建设

多伦县容易出现低温冰冻、大风、冰雹、雪灾、雷电和强降水天气，当监测到可能有重大灾情发生时，应及时成立相应的气象灾害防御临时指挥机构，办公地点设在县气象局。指挥机构要迅速反应，根据灾害应急预案，及时向有关单位布置防灾减灾工作。气象部门逐步建立气象多灾种预警指挥中心，加强气象灾害防御管理，减少或避免因灾害带来的损失。

8.1.2 气象灾害监测监控

(1)建立气象综合监测网

组建区域自动气象监测网。建设包括能见度要素的自动气象站；与水利部门联合，在暴雨山洪灾害易发地建雨量监测站点；在旅游景区建多要素自动气象站；在有代表性地段建土壤水分自动观测站。

(2)建立重点区域监控系统

全县设立6个气象灾害实景视频远程监控系统，在气象灾害高风险区，建立加密视频实况监测点。在农业实验田，开展农作物旱涝墒情监测，在牧区草原，开展牧草旱涝、生态、墒情监测。加强水文监测设施建设。

(3)建立完善实时气象报警系统

建立中尺度气象自动站网气象资料实时处理平台和气象灾害监测资料图形显示系统。当雨量、风速、气温等要素达到警戒指标时,实现短时间内自动报警。实现气象监测、雷达探测、卫星遥感等资料实时动态显示。

8.1.3　气象灾害预测预警

(1)开展精细化气象灾害预报服务

应用各种实时观测资料,对上级指导预报进行小空间尺度的订正,提高气象灾害精细化预报预警准确率,实现从灾害性天气预报向气象灾害预报的转变。

(2)完善气象预报预警业务流程

完善短时天气预报、临近天气预报和灾害性天气预警的业务流程,实时发布气象灾害种类、强度、落区的警报,开展跨部门、跨地区气象灾害联防。

(3)开拓预警信息发布和接收渠道

依托突发公共事件预警信息发布平台,推广手机短信、微信、气象预警电子显示屏、抖音、快手等辅助渠道,开展乡(镇)“信息直通系统”服务,确保预警信息及时传递到村到户。

8.2　工程性措施

8.2.1　气象灾害监测评估系统建设

(1)卫星遥感资料应用业务系统

建立卫星遥感资料应用业务系统,引进卫星遥感资料处理技术,加强卫星遥感资料的处理分析和应用能力,并结合地面观测数据进行相关标定修正,实现卫星遥感资料产品的及时制作,提升气象服务产品的科技含量。

(2)气象灾害评估业务系统

在实现精细化预报产品制作的基础上,利用灾害评估的相关方法与技术,结合本地实际情况,建立科学合理、切实可行的灾害天气对城乡工程破坏性预测业务系统,包括建立灾害天气对城乡工程破坏性分析系统、灾害天气对城乡工程破坏历史资料库、灾害天气对城乡工程破坏观测预测、灾害天气对农牧业的破坏性分析预测、灾害天气对各类公益设施的破坏性分析预测等。

8.2.2 监测预警设施建设

升级或更新区域自动气象观测站5个,充分利用网络资源,建立公共服务平台,完成气象预警信息均等化服务,实现气象预警信息全覆盖。气象与交通部门合作,在高速公路、国道等交通干线附近进行气象自动监测网建设,为交通运输提供气象服务。建设多伦县森林(草原)防扑火指挥系统。建设称重式降水观测站3个,建设移动式综合气象监测站,开展大气环境等应急跟踪服务。在城区建设激光雷达站,观测大气边界层的结构和时间演变特征,云顶、云底高度和多层云结构,以及大气能见度、气溶胶消光系数垂直分布,反演颗粒物的时空演变等。

通过以上设施建设,基本建立观测内容较齐全、密度适宜、布局合理、自动化程度高的现代气象综合监测网,可满足今后一段时期气象灾害防御与现代气象业务服务的发展需要。

8.2.3 防汛抗旱工程

完善小流域整治工程,确保水库、水源安全,提升小流域防洪能力,完善提升现有防洪工程和城区地下水管网设施,使全县防洪工程达到50年一遇防洪标准、20年一遇排涝标准。

8.2.4 防雷工程

加强雷电探测、雷电预报预警和防雷装置建设，覆盖率要求达100%。多伦县高层建筑、重要建筑设施都必须按照有关的防雷技术规范安装相应的避雷设施，针对不同的建（构）筑物或场所，不同的信息系统及电子设备、电气设备，不同的地质、地理和气象环境条件，量身定制不同的雷电防护方案。对重点建设工程、通信网络系统、易燃易爆和危险化学品生产存储场所及高大建筑物、烟囱、电杆、旗杆、铁塔等进行防雷装置的规范安装，认真执行防雷装置定期检测制度，对已投入使用的防雷设施要指定专人检查维护。大型重点工程、危爆物品生产储存场所、重要物资仓库等建设项目的论证、规划要进行雷击风险评估并提供评估报告。重视农村牧区的防雷工作，规范和加强农村牧区的防雷安全监督和检测工作。按计划推进农村牧区防雷示范村和工程建设。

8.2.5 人工影响天气工程

人工增雨防雹作业是防灾减灾、保护人民生命财产、合理开发利用气候资源和改善生态环境的重要手段。受气候变化和环境影响，近年来多伦县高温、干旱频繁发生，为有效增加自然降水、缓解旱情、改善生态环境，县政府要加大“人工增雨作业”建设投入力度，依托现有的天气预报分析业务系统，建立覆盖全县可视化的、动态的旱情显示查询系统；在气象卫星、气象雷达、气象站网及自动站网等现代化设备的基础上，引入机载云物理探测设备，包括PMS粒子测量系统、GPS系统等；建立地基探测系统，包括人工增雨专用的3 cm车载雷达、微波辐射计（水汽廓线仪）等。依托地理信息系统平台，建立综合的人工影响天气作业指挥系统。

8.2.6 应急避险工程

针对多伦县经常遭受干旱、局地强对流天气、暴雨、冰雹、沙尘暴和白灾影响的实际情况，充分利用目前的公共设施，如中小学校校舍、体育场馆等，在全县设置临时灾害避险所，安置转移人口。在暴雪、暴雨、道路结冰、沙尘暴影响期间无条件开放高速公路沿线的服务区，供过往车辆避灾避险。各乡(镇)也要根据当地实际情况建立气象灾害避险场地，在醒目位置设“气象灾害应急避险安置点”标志。避险场所的容纳力应根据实际情况和需求确定，要求地势较高、不受山洪和地质灾害影响、交通便利、钢混结构、防雷设施检测合格、能抵御12级以上大风和40 cm以上积雪等重大灾害性天气的袭击，医疗救治、电力供应、救灾物资有保障。

8.2.7 信息网络工程

实施“农村牧区气象防灾减灾”和“信息到户，解决‘最后一公里’”两大工程，建立气象灾害监测资料实时传输网络；完善国家、自治区、盟、县气象高速宽带网和气象会商系统；建立气象部门与乡镇的视频会商系统和信息直通系统；完善气象预警信息发布系统，建立气象灾害决策服务系统；建立突发公共事件综合应急指挥平台和防汛抗旱指挥部信息网络工程建设。

充分发挥公共信息网络和专用信息网络基础设施的作用，推进气象通信网络的升级换代，提高实时探测资料的收集传输和分发时效，建成气象信息存储与共享系统，利用国家已有的公共资源，建设和完善各相关部门间气象灾害信息实时快速交换网络和共享平台，实现气象灾害信息的高度共享。

8.2.8 应急保障工程

加强应急保障工程建设，完善应急保障机制，配备气象应急保障车。当多伦县境内化工企业、油库、矿山等高危单位及交通干道等公共场所发生危险易燃易爆化学品、有毒气体泄漏扩散时，第一时间开展气象应急保障，充分利用公共突发事件应急平台，实施全程监测预警，提供跟踪气象服务，为应急处置、决策服务提供科学支撑。

第 9 章　气象灾害防御管理

9.1　气象灾害防御管理组织体系

9.1.1　组织机构

成立县气象灾害防御工作领导小组，负责气象灾害防御管理的日常工作。各乡(镇)按相关标准组建气象灾害防御办公室，明确分管领导，落实气象灾害防御任务。

9.1.2　工作机制

建立健全"党委领导、政府主导、部门联动、社会参与"的气象灾害防御工作机制。加强领导和组织协调，层层落实"责任到人，纵向到底、横向到边"的气象防灾减灾责任制。加强部门和乡(镇)分灾种专项气象灾害应急预案的编制和管理工作，并组织开展经常性的预案演练。健全"部门、乡(镇)、村(社区)"三级信息互动网络机制，完善气象灾害应急响应的管理、组织和协调机制，制定切实可行的工作计划与相应的保障措施，提高气象灾害应急处置能力。

9.1.3　队伍建设

加强气象灾害防范应对专家队伍、应急救援队伍、气象信息员和气象志愿者队伍，乡(镇)和有关部门应设置气象信息员职位，明确气象信息员的任职条件和主要任务，在行政村(社区)设立气象信息员，在有关企事业单位、关键公共场所以及人口密集区建立气象志愿者队伍。不断优化完善气象信息员队伍培训和考核评价管理制度。

9.2 气象灾害防御制度

9.2.1 风险评估制度

风险评估是指对面临的气象灾害威胁、防御中存在的弱点、气象灾害造成的影响以及三者综合作用而带来风险的可能性进行评估。建立城乡规划、重大工程建设的气象灾害风险评估制度，建立相应的强制性建设标准，将气象灾害风险评估纳入城乡规划和工程建设项目行政审批内容，确保在规划编制和工程立项中充分考虑气象灾害的风险性，避免和减少气象灾害的影响。县气象局组织开展本辖区气象灾害风险评估，为县政府经济社会发展布局和编制气象灾害防御方案、应急预案提供依据。风险评估的主要任务是识别和确定面临的气象灾害风险，评估风险强度和概率以及可能带来的负面影响和影响程度，确定受影响地区承受风险的能力，确定风险消减和控制的优先程度与等级，推荐降低和消减风险的相关对策。

9.2.2 部门联动制度

部门联动制度是全社会防灾减灾体系的重要组成部分，应加快减灾管理行政体系的完善，出台明确的部门联动相关规定与制度，提高各部门联动的执行意识和积极性。针对气象灾害、安全事故、公共卫生、社会治安等公共安全问题的划分，进一步完善政府与各部门在减灾工作中的职能与责权的划分，加强对突发公共事件预警信息发布平台的应用，做到分工协作、整体提高，强化信息与资源共享，加强联动处置，完善防灾减灾综合管理能力。

9.2.3　应急准备工作认证制度

气象灾害应急准备工作认证，是对乡（镇）、气象灾害重点防御单位、企事业单位、农牧业种养大户等的气象防灾减灾基础设施和组织体系进行评定，以此促进气象灾害应急准备工作的落实，提高气象灾害预警信息的接收、分发、应用能力和气象灾害的监测、报告、应对能力，从而确保重大气象灾害发生时，能够有效保护人民群众的生命财产安全。为有效促进和提高基层单位的气象灾害应急准备工作和主动防御能力，推动全社会防灾减灾体系建设，县政府颁布《多伦县气象灾害应急准备工作认证管理办法》，出台《多伦县气象灾害应急准备工作认证实施细则》，正式实施气象灾害应急准备工作认证制度。

9.2.4　目击报告制度

目前，气象设施对气象灾害的监测能力虽然有了显著增强，但仍然存在许多监测盲区，需要建立目击报告制度，使县气象局对正在发生或已经发生的气象灾害和灾情有及时详细的了解，为进一步的监测预警打下基础，从而提高气象灾害的防御能力。各乡（镇）气象信息服务站以及村（社区）气象信息员应及时收集上报辖区内发生的气象灾害及次生、衍生灾害信息，并协助气象等部门工作人员进行灾害调查、评估与鉴定。鼓励社会公众第一时间向县应急管理局、气象局、乡（镇）气象信息服务站报目击信息，对目击报告人员要给予一定的奖励。

9.2.5　气候可行性论证制度

为避免或减轻规划建设项目实施后可能受气象灾害、气候变化的影响及其可能对局地气候产生的影响，依据国家《气候可行性论证管理办法》，建立气候可行性论证制度，开展规划与建设项目气候适宜性、风险性以及可能对局地气候产生影响的评估，编制气候可行性论证报告，并将气候可行性论证报告纳入规划或建设项目可行性研究报告的审查内容。

9.3 气象灾害应急处置

9.3.1 组织方式

县政府是气象灾害应急管理工作行政领导机构，县气象灾害防御工作领导小组应急管理办公室和县气象局具体负责实施气象灾害应急工作和日常工作。

9.3.2 应急流程

(1)预警启动级别

按气象灾害的强度，气象灾害预警启动级别分为特别严重气象灾害预警(Ⅰ级)、严重气象灾害预警(Ⅱ级)、较重气象灾害预警(Ⅲ级)、一般气象灾害预警(Ⅳ级)4个等级，县气象局根据气象灾害监测、预报、预警信息及可能发生或已经发生的气象灾害情况，启动不同预警级别的应急响应，报送县政府和相关机构，并通知县气象灾害防御工作领导小组成员单位和各乡(镇)，县政府根据气象灾害发生、发展情况及时启动相应的应急响应。

(2)应急响应机制

对于即将影响全县较大范围的气象灾害，县政府气象灾害防御指挥机构应立即召开气象灾害应急协调会议，作出响应部署，各成员单位按照各自职责，立即启动相应等级的气象灾害应急防御、救援、保障等行动，确保气象灾害应急预案有效实施，并及时报告县政府和灾害防御指挥机构，通报各成员单位。对于突发气象灾害，县气象局直接与受灾害影响区域的单位联系，启动相应的乡(镇)、村(社区)应急预案。

(3)信息报告和审查

各地出现气象灾害，单位和个人应立即向县气象局和县应急管理局报告。县气象局和县应急管理局对收集到的气象灾害信息进行分析核查,及时提出处置建议,迅速报告县灾害防御指挥机构,同时,要加强联防,并通报下游地区做好防御工作。

(4)灾害先期处置

气象灾害发生后,事发地政府、有关部门和责任单位应及时、主动、有效地进行处置,控制事态,并将事件和有关先期处置情况按规定上报县应急管理局和县气象局。

(5)应急终止

气象灾害应急结束后,由县气象局提出应急结束建议,报县气象灾害防御工作领导小组同意批准后实施。

9.4　气象灾害防御教育与培训

9.4.1　气象科普宣传教育

积极推进多伦县气象科普示范村创建,动员基层力量广泛开展气象科普工作,县、乡(镇)、村(社区)要制定气象科普工作长远计划和年度实施方案,并按方案组织实施,把气象科普工作纳入经济社会发展总体规划。各乡(镇)、部门要重视气象科普工作,乡(镇)、村(社区)要有科普工作分管领导,并有专人负责日常气象科普工作。科普示范村组建由气象信息员、气象科普宣传员、气象志愿者等组成的气象科普队伍,经常向群众宣传气象科普知识,每年结合农、牧事活动,组织不少于两次面向农牧民的气象科普培训或科普宣传活动。

9.4.2　气象灾害防御培训

广泛开展气象灾害防御知识宣传,增强人民群众气象灾害防御能力,加强对农牧民、中小学生防灾减灾知识和防灾技能的宣传教育,将气象灾害防御知识列入中小学教育体系。把气象助理员、气象信息员的气象防灾减灾知识培训纳入属地管理，使培训常态化、规模化、系统化，为气象助理员队伍健康发展奠定坚实基础。定期组织气象灾害防御演练，提高公众灾害防御意识和自救互救能力。

第10章　气象灾害评估与恢复重建

10.1　气象灾害调查评估

10.1.1　气象灾害调查

气象灾害发生后，以应急管理部门为主体，对气象灾害造成的损失进行全面调查，县水利、农牧业、林业、气象、国土、住建、交通、保险等部门按照各部门职责，共同参与调查，及时提供并交换水文灾害、重大农牧业灾害、重大森林草原火灾、地质灾害、环境灾害等信息。气象部门还应当重点调查分析灾害的成因。

10.1.2　气象灾害评估

县气象局开展气象灾害灾前预评估、灾中评估和灾后评估工作。

(1)灾前预评估

气象灾害出现之前，依据灾害风险区划和气象灾害预报，预评估气象灾害强度、影响区域、影响程度、影响行业，提出防御对策建议，为政府决策提供重要依据。

(2)灾中评估

对影响时间较长的气象灾害，如干旱、洪涝、雪灾等进行灾中评估。跟踪气象灾害的发展，快速反映灾情实况，预估已造成的灾害损失和可能扩大的损失，同时对减灾效益进行评估。开展气象灾害实地调查，及时与应急、水利、农牧业、林业等部门交换、核对灾情信息，并按灾情直报规程报告上级气象主管机构和县政府。

(3)灾后评估

灾后对气象灾害成因、灾害影响以及监测预警、应急处置和减灾效益做出全面评估，编制气象灾害评估报告，为政府及时安排救灾物资、划拨救灾经费、科学规划和设计灾后重建工程等提供依据。在充分调查研究当前灾情并与历史灾情进行对比的基础上，不断修正完善气象灾害风险区划、应急预案和防御措施，更好地应用于防灾减灾工作。

10.2 救灾与恢复重建

10.2.1 救灾

建立气象灾害防御的社会响应系统，由相关部门组织实施灾民救助安置和管理工作，确保受灾群众的基本生活保障。实施综合性减灾工程，修订灾后重建工程建设设计标准，包括受灾体损毁标准和修复标准、灾害损失评估标准、重建工程质量标准与技术规范、重建工作管理规范化标准等。完善灾害保险机制，发展各种形式的气象灾害保险，扩大灾害保险领域，提高减灾社会经济效益。

10.2.2 恢复重建

灾后重建工作由传统的救灾安置型逐步转为可持续发展的战略发展型。相关部门应对受灾情况、重建能力及可利用资源进行评估，制定灾后重建和恢复生产生活计划，报县政府批准后进行恢复重建。

第11章　保障措施

11.1　加强组织领导

充分认识气象灾害防御的重要性，把气象灾害防御作为当前的一项重要工作放在突出位置。成立由县政府统一领导，县气象、水利、住建等相关部门主要负责人参与的气象灾害防御指挥部，统一决策、统一开展气象防灾减灾工作。要紧紧围绕防灾减灾这个主题，把气象灾害防御培训作为一个基础性工作来抓，为加强气象灾害防御组织领导夯实思想基础和组织基础。

11.2　纳入发展规划

坚持以"创经济强县、建生态多伦、构建和谐社会"为战略目标，在制订多伦县社会经济发展规划大纲、多伦县总体规划、乡村振兴实施方案时，把气象灾害防御工作纳入总体规划之中，把气象事业发展纳入全县经济发展的中长期规划和年度计划。在规划和计划编制中，充分体现气象防灾减灾的作用和地位，明确气象事业发展的目标和重点，实现多伦县经济社会和气象防灾减灾的协调发展。

11.3　强化法规建设

加强气象法制建设和气象行政管理。切实履行社会行政管理职能，创新管理方式，依法管理涉及气象防灾减灾领域的各项活动，不断提高气象灾害防御行政执法的能力和水平。加大对气象基础设施保护和对气象探测、公共气象信息传播、雷电灾害防御等活动监管的力度，确保气象法律、法规全面落实。积极开展多种形式的气象法制和气象科普宣传活动，让人民群众了解气象、认识气象、应用气象。

11.4 健全投入机制

紧密围绕人民群众需求和经济发展需要，建立和完善气象灾害防御经费投入机制，进一步加大对气象灾害监测预警、信息发布、应急指挥、防灾减灾工程、基础科学研究等方面的投入。各乡镇以及县水利、气象、农牧业、国土资源、林业、住建、交通等相关部门应加大对工程建设的投入，每年安排年度投入预算，提前安排“十三五”规划项目投资计划，报县财政局和县发展与改革局审核，并纳入县、乡镇两级财政和经济社会发展计划。鼓励和引导企业、社会团体等对气象灾害防御经费的投入，多渠道筹集气象防灾减灾资金。充分发挥金融保险行业对灾害的救助、损失的转移分担和在恢复重建工作中的作用。

11.5 依托科技创新

气象灾害防御工作要紧紧围绕多伦县经济社会发展需求，开发和利用气候资源，集中力量开展科研攻关，努力实现气象科技新的突破，增强全社会防御和减轻气象灾害的能力、适应和减缓气候变化的能力，为保持经济社会平稳较快发展提供有力支撑。加强气象科技创新，增加气象科技投入，加大对气象领域高新技术开发研究的支持，加快对气象科技成果的应用和推广。

11.6　促进合作联动

各部门、乡镇应加强合作联动,建立长效合作机制,实现资源共享,特别是气象灾害监测、预警和灾情信息的实时共享,促进气象防灾减灾能力不断提高,利用交流合作契机,丰富防灾减灾内涵。加强与院校合作,促进资源信息共享和人才合理有序流动。建设高素质气象科技队伍,促进气象事业全面协调可持续发展,为地方经济发展和防灾减灾提供强有力保障。

11.7　提高防灾意识

加强气象灾害防御宣传,组织开展内容丰富、形式多样的气象灾害防御知识宣传培训活动。报纸、电视、广播等传统媒体及微信、抖音、快手等新媒体要牢牢抓住灾害防御的特殊性、针对性和实效性,加强典型宣传,切实提高全民防灾意识。加强气象助理员和气象信息员队伍建设,做到乡镇有气象助理员、部门有气象联络员、村有气象信息员,负责气象灾害预警信息的接收传播以及灾情收集与上报、气象科普宣传等,协助当地政府和有关部门做好气象防灾减灾工作。